矿井防尘供水管网可靠性分析与优化

王　佩◎著

RELIABILITY ANALYSIS AND OPTIMIZATION OF DUSTPROOF WATER SUPPLY NETWORK IN MINE

北京理工大学出版社
BEIJING INSTITUTE OF TECHNOLOGY PRESS

内 容 简 介

本书是基于作者多年研究成果基础上撰写而成，围绕矿井防尘供水管网的可靠性和优化展开讨论。开篇介绍系统可靠性的一些基本原理和供水管网可靠性的发展历程。主要章节先分析矿井防尘供水管网的机械可靠性和水力可靠性，对现有的管网提出可靠度评价模型。进一步通过分析供水压力和用水量的变化，预测未来一段时间水压和水量的变化，从而采取切实有效的手段提高管网的可靠性。最后改进现有的管路，采取有效的优化方法，保证可靠性的基础上，降低管网的经济费用，并且通过自主编写的水力计算软件来实现管网水力计算和优化的仿真模拟。

本书可供市政工程、安全工程、环境工程和系统工程等专业的科研工作者交流讨论，也可作为相关专业的本科生和研究生教材使用。

图书在版编目（CIP）数据

矿井防尘供水管网可靠性分析与优化 / 王佩著. --北京：北京理工大学出版社，2022.2
ISBN 978-7-5763-1072-6

Ⅰ.①矿… Ⅱ.①王… Ⅲ.①矿井—除尘—给水管道—管网—可靠性—研究 Ⅳ.①TD714

中国版本图书馆 CIP 数据核字（2022）第 030960 号

出版发行 / 北京理工大学出版社有限责任公司
社　　址 / 北京市海淀区中关村南大街 5 号
邮　　编 / 100081
电　　话 /（010）68914775（总编室）
（010）82562903（教材售后服务热线）
（010）68944723（其他图书服务热线）
网　　址 / http://www.bitpress.com.cn
经　　销 / 全国各地新华书店
印　　刷 / 保定市中画美凯印刷有限公司
开　　本 / 710 毫米×1000 毫米　1/16
印　　张 / 13.75
彩　　插 / 2
字　　数 / 244 千字
版　　次 / 2022 年 2 月第 1 版　2022 年 2 月第 1 次印刷
定　　价 / 78.00 元

责任编辑 / 张鑫星
文案编辑 / 张鑫星
责任校对 / 周瑞红
责任印制 / 李志强

前　言

矿产资源是人类赖以生存的生活基础，我国也是矿产资源的最大消费国，随着对矿产资源需求的急剧增加，矿山采掘工作也在不断进行，矿山井下供水管网是矿山日常采掘工作的重要保证。根据《煤矿安全规程》和《金属非金属矿山安全规程》有关规定，矿山井下必须建立完善的防尘和消防供水系统；2012 年原国家安监总局要求全国矿山建立完善监测监控、人员定位、紧急避险、压风自救、供水施救和通信联络等井下安全避险六大系统，其中供水施救系统作为矿井防尘供水管网的辅助，与其可靠稳定运行有密切关系。

矿采过程中产生的矿井粉尘危害很大，其中主要为尘肺病。尘肺病是我国最严重的职业病，据国家卫健委官方公告，截至 2020 年年底，全国报告职业性尘肺病及其他呼吸疾病 14 408 例，其中职业性尘肺病 14 367 例。预防尘肺病的发生最重要的手段就是靠水除尘。矿井供水管网作为防治井下粉尘危害的重要设施，其管网可靠稳定运行是保证综合防尘设施达到预期防尘效果的重要基础。由于矿井供水管网所处的运行环境比较恶劣，要承受高压、高湿和高腐蚀，供水时间长，管网服务年限也要达到几十年，而管网一旦失效，势必造成极大的经济损失，因此必须提高矿井防尘供水管网的安全性和可靠性。

综上所述，进行矿山井下供水系统动态可靠性研究是很有必要的，同时研制出矿山井下动态仿真模拟系统为保证综合供水设施的高效运行，提高矿井抗灾能力，保障矿井的安全生产，具有重要的理论意义和应用前景。

目前供水管网的可靠性研究大部分围绕市政管网展开，本书借鉴市政供水管网的可靠性分析方法，在矿井防尘供水管网上进行试验。矿井防尘供水管网与市政管网最大的不同是管网呈树状并且以静压供水为主，因此结合矿井供水管网的实际情况进行模型修正，力求提出矿井防尘供水管网的一套可靠性评价方法和优化手段。本书是通过可靠性分析、相似实验研究、矿井供水管网优化设计系统仿真建模，在满足各用水地点所需水量、水压并兼顾其他设计目标的前提下，追求管网建造和运行总费用的最小值。

全书共8章。第1章绪论；第2章进行矿井供水管网机械可靠性分析；第3~4章进行矿井供水管网水力可靠性分析；第5~6章分别从供水压力和用水量两方面进行预测，构建预测模型，提升未来一段时间供水管网的可靠性；第7~8章建立矿井供水管网可靠性评价及优化仿真模拟系统，并进行实例应用从而验证系统的有效性。

本书是作者在多年来完成博士点基金《矿山井下供水管网动态可靠性及系统仿真研究》以及近几年的研究成果的基础上撰写完成。

本书在写作过程中得到了多位同门的帮助。北京科技大学蒋仲安教授对整个书籍的结构和写作做出了很大的贡献。安徽工业大学邓权龙老师对第2章可靠性研究提供了新的方法、北京科技大学05级博士侯晓东对第6章和第8章提供了丰富的资料和案例、北京科技大学11级硕士施蕾蕾对第2~5章均全程参与撰写和实验，还有首都经济贸易大学的王洁教授对书稿进行了很多审核工作，在此一并表示感谢。

由于作者水平有限，时间紧迫，错误实属难免，恳请读者批评指正。如有疑问，欢迎来信交流：wangpei@cueb.edu.cn。

著　者

目　录

第1章　绪　　论

1.1 系统可靠性分析基础

系统可靠性表示系统在规定条件下和规定时间内完成规定功能的能力。系统可靠性是一个定性指标，很难用一个特征量表示，而且它还具有随机性。因此进行系统的可靠性分析，需要进行定量分析。系统在规定条件下和规定时间内，完成规定功能的概率称为可靠度，是一个定量指标。由于系统是由一系列具有某种特定功能的基本组件组成的，系统可靠度理论主要是确定系统可靠度与组件可靠度之间的关系，要研究系统可靠度首先要明确系统中各组件可靠度以及在运行过程中它们之间的相互关系。

1.1.1 系统可靠度研究方法

研究系统可靠度的数学方法，包括解析法（状态空间模型、故障树分析法）和模拟法（又称 Monte Carlo 法）等。这几种方法各有不同特点：

1. 状态空间模型

状态空间模型又称马尔可夫模型，是估算系统可靠度时所采用较为广泛的方法。对于不可修复系统，可求出系统的可靠度（或不可靠度）；对于可修复系统，可求出系统的可用度（或不可用度）以及其他特征量。马尔可夫模型可以描述系统状态转移的过程。状态空间法不仅能计算双状态独立元件系统的可靠度，还能计算多状态非独立元件系统的可靠度，除故障（或正常）概率的稳定值外，还可求得系统故障频率、持续时间和暂态概率等系统可靠度指标，具有较大的灵活性。

2. 故障树分析法

故障树分析法即为FTA，是一种特殊的树状逻辑因果关系图，是近些年发展起来的用于大型复杂系统可靠度和安全性分析的一种工具。故障树是顶点和边的集合，由顶点与边连起来而不包含闭合回路。带有方向的边发源于顶点而形成树，所以故障树也称逻辑树。故障树分析法的优点是提供了一种系统的方法来阐明各元件和子系统发生故障的因果关系，迅速发现系统中最重要的故障和薄弱环节，为改善与评估系统的可靠度提供了定性与定量的根据。当分析复杂系统故障时，这种方法特别有利于发现用其他方法不能鉴别出的故障组合。对于不易找到或不可能找到逻辑图的系统，故障树分析法将是一种很有用的方法。它可用于可修复与不可修复系统稳定的故障概率计算。

3. 模拟法（Monte Carlo 法）

模拟法（Monte Carlo 法）是按照一定的步骤，在计算机上模拟随机出现的各种系统状态，即用数值计算方法模拟一个实际的过程，并从大量的模拟实验结果中统计出系统的可靠度数值。它是使用随机数量来模拟数学与物理问题，以求其近似解的一种通用方法。模拟法的应用范围较广，而在某些情况下，模拟法是唯一可用的方法。随着计算机技术的发展，此法近年来应用极广。

1.1.2 可靠度基本原理

1. 可靠度基本函数

可靠度研究发源于对机械、电子元器件产品的可靠度研究，随着各种工业系统复杂程度的增加，可靠性理论作为系统工程的一个重要部分，几乎已在所有工业系统中得到广泛应用。

本章开头曾经介绍过可靠性的定义，即指产品在规定条件下和规定时间内，完成规定功能的能力。产品不能完成规定功能，称为故障（或失效）。可靠度一般用概率表示，也可根据实际需要，用平均无故障时间或平均无故障率来表示。对于供水管网，可靠度一般采用概率表示。

1）可靠度

指产品在规定条件下和规定时间内，完成规定功能的概率。因此可知，产

品的可靠度是时间的函数，表示为

$$R(t)=P(P>t) \tag{1-1}$$

式中，$R(t)$——可靠度函数；

P——产品故障前的工作时间；

t——规定的时间。

由可靠度的定义可知：

$$R(t)=\frac{N_s(t)}{N_0} \tag{1-2}$$

式中，N_0——$t=0$ 时，在规定条件下进行工作的产品数；

$R(t)$——在 $0\sim t$ 时刻的工作时间内，产品的累计故障概率（产品故障后不予修复）；

$N_s(t)$——表示在 t 时间内残存的未失效的组件数。

若与 t 时间内的未失效的组件数 $N_s(t)$ 相对应的失效组件数定义为 $N_f(t)$，则

$$N_0=N_s(t)+N_f(t) \tag{1-3}$$

将式（1-3）代入式（1-2）中可得：

$$R(t)=1-\frac{N_f(t)}{N_0} \tag{1-4}$$

2）累计故障分布函数

产品在规定的条件下和规定的时间内，丧失规定功能的概率称为累计故障概率（又称不可靠度）。依定义可知，产品的累计故障概率是时间的函数，表示为

$$F(t)=P(\xi\leqslant t) \tag{1-5}$$

由不可靠度的定义可知：

$$F(t)=\frac{N_f(t)}{N_0} \tag{1-6}$$

显然，有以下关系：

$$R(t)+F(t)=1 \tag{1-7}$$

3）故障密度函数

失效组件频数直方图如图 1-1 所示。

由式（1-6）可知：

$$f(t)=\frac{1}{N}\frac{\mathrm{d}r(t)}{\mathrm{d}t} \tag{1-8}$$

设 $f(t)$ 为故障密度函数，令 $f(t)=\frac{1}{N}\frac{\mathrm{d}r(t)}{\mathrm{d}t}$，则有

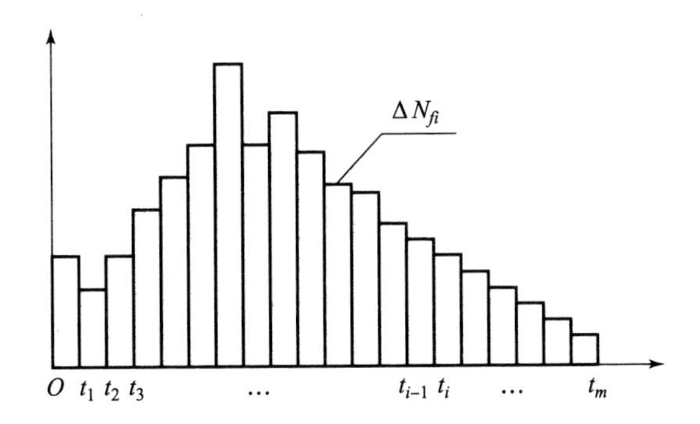

图1-1 失效组件频数直方图

$$F(t) = \int_0^t f(t)\,\mathrm{d}t \tag{1-9}$$

4）可靠度函数与累计故障分布函数的性质

$$R(t) = 1 - F(t) = 1 - \int_0^t f(t)\,\mathrm{d}t = \int_0^\infty f(t)\,\mathrm{d}t \tag{1-10}$$

2. 失效率

在评价产品可靠度时，特别是在评价元器件可靠度时，失效率是一个重要的特征量。它表示在某一时刻 t 的单位时间内产品或元器件发生失效的概率：

$$\lambda(t) = \frac{1}{N_s(t)} \frac{\mathrm{d}N_f(t)}{\mathrm{d}t} \tag{1-11}$$

式中，$\mathrm{d}N_f(t)$ 表示当 $\Delta t \to 0$ 时，在时间区间（t，$t+\Delta t$）内的失效组件，$N_s(t)$ 表示直到 t 时刻为止未失效的残存数。所以 $\mathrm{d}N_f(t)/N_s(t)$ 表示在区间（t，$t+\Delta t$）内 $\Delta t \to 0$ 时组件失效的概率。在式（1-11）中把 $\mathrm{d}N_f(t)/N_s(t)$ 再除以 $\mathrm{d}t$，即表示在单位时间内组件发生失效的概率。由于 $\Delta t \to 0$，所以 $\lambda(t)$ 实际上为 t 时刻的瞬时失效率。

若对式（1-4）进行微分并代入式（1-11），则可得到：

$$\lambda(t) = \frac{N_0}{N_s(t)} \frac{\mathrm{d}R(t)}{\mathrm{d}t} \tag{1-12}$$

若再将式（1-12）代入式（1-2）可得：

$$\lambda(t) = \frac{1}{R(t)} \frac{\mathrm{d}R(t)}{\mathrm{d}t} \tag{1-13}$$

由于 $t=0$ 时所有组件都是完好的，所以 $R(0)=1$。对式（1-13）进行积分则得：

$$-\int_0^t \lambda(t) = \ln R(t) \tag{1-14}$$

经变换后可得：

$$R(t) = e^{-\int_0^t \lambda(t)\mathrm{d}t} \tag{1-15}$$

根据式（1－15）就能确定失效率与可靠度的关系，特别当 $\lambda(t) = \lambda$（常数）时，式（1－15）可写成：

$$R(t) = e^{-\lambda t} \tag{1-16}$$

因此组件的可靠度是按指数分布的。

根据式（1－11）又可将失效率表示为

$$\lambda(t) = \frac{f(t)}{R(t)} \tag{1-17}$$

1.1.3 可修复系统的可靠度

在工程实践中，为了使产品经常保持正常工作状态，需要进行维修保养，更换失效或磨损的部件。在可修复系统中，发生了故障的产品经维修后可以恢复正常工作。可维修系统总是正常与故障交替出现，它的整个周期包括修复→故障→修复的全过程。可修复系统中除了不可维修系统中所有的特征量外，还有一些独有的特征量：

（1）有条件失效强度 $\lambda(t)$。

有条件失效强度也叫有条件故障率，指在时刻 $t=0$ 组件是新的，在 t 时刻组件也是好的情况下，在 $[t, t+\Delta t]$ 内单位时间组件失效的概率。它和不可维修系统的区别在于，不可维修系统的失效强度是指组件一直工作到 t 时刻才发生故障的概率，其间状态一直是完好的，t 时刻实质上就是组件的寿命期；而可维修系统的失效强度不考虑 t 时刻以前这一段时间内组件是否发生故障或修复，只要在 t 时刻组件处于完好状态即可。

（2）有条件修复强度 $\mu(t)$。

有条件修复强度 $\mu(t)$，也叫修复率，指在 $t=0$ 时刻组件是新的，在 t 时刻组件处于故障状态下，在 $[t, t+\Delta t]$ 内单位时间，组件被修复的概率。不可维修系统不存在修复问题，因此也就没有该指标。

（3）可用度 $A(t)$。

可用度 $A(t)$ 是指组件在规定的条件下，在任意时刻上正常工作的概率。因为可用度具有瞬时特征，因此又称为瞬时可用度。与可用度相对应的是不可用度，表示组件在规定的条件下使用时，在任意时刻故障的概率用 $Q(t)$ 表示。

由此可见，在可维修系统特征量中，t 的含义是不同的。

$R(t)$、$F(t)$、$f(t)$ 是修复→故障过程的特征量。当 t 指寿命时间时，$f(t)$ 是首次故障时间；而 $A(t)$、$Q(t)$、$\lambda(t)$ 是修复→正常→修复过程的特征量，这里的 t 是指时刻，与组件在 t 时刻以前的状态无关。

如果组件的可靠度和维修度均服从指数分布，即

$$R(t)=e^{-\lambda t} \tag{1-18}$$

$$Q(t)=1-e^{-\lambda t} \tag{1-19}$$

则可用度满足微分方程

$$\frac{dA(t)}{dt}=-\lambda A(t)+\mu[1-A(t)] \tag{1-20}$$

解得

$$A(t)=\frac{\mu}{\lambda+\mu}+\frac{\lambda}{\lambda+\mu}e^{-(\lambda+\mu)t} \tag{1-21}$$

1.2 供水管网可靠性发展历程

供水管网可靠性的发展主要经历了以下三个阶段：

1. 从仅考虑管网组件可靠性到考虑管网系统可靠性

国外关于供水管网可靠性的研究起步于20世纪70年代，经历了仅考虑管网中组件的可靠性到考虑整个管网系统可靠性的过程。20世纪70年代，Damelin等人首次在研究城市给水管网的优化设计时考虑可靠性。但是，该研究中仅仅考虑了由于水泵机组随机故障导致的系统失效，而没有涉及管道系统。1979年，Shamir等人将调节池的容量及备用水泵考虑在内，对系统的可靠性进行了进一步的研究，但同样没有涉及管道故障问题。同年，苏联技术科学博士H. H. 阿布拉莫夫教授等人撰写了苏联第一本关于给水系统可靠性的理论专著——《给水系统可靠性》。在书中，H. H. 阿布拉莫夫教授根据储备数据原理把城市给水管网分为有储备系统和无储备系统两大类。通过分析管网中各管段之间的相互连接性，提出了按管网组件可靠性指标确定管网系统可靠性指标的研究方法，并从图论的角度出发，定性分析管网中不同位置管段发生故障时对整个管网系统可靠性的影响。

2. 从节点故障到管网故障

当供水管网的可靠性发展到要考虑整个管网系统时，不少学者将关注点放在了管网中的节点，因此节点可靠度的计算就是这段时期的重点。如 1985 年 Tung 对给水系统可靠度的几种计算方法进行了研究，包括故障树法、切割组法、路径组法、条件概率算法及关系矩阵法，并最终得出结论：最小切割组法是节点可靠度计算最有效的方法。20 世纪 90 年代，Fujiware 和 Desilva 利用管网故障时节点供水量对用户的满足程度评价给水管网可靠性。1998 年，张土乔等人在求解节点可用流量的基础上，将供水管网中的取水节点划分为满足、部分满足和断水三种状态，并在供水管网的可靠性分析中采用节点可靠度、体积可靠度、网络可靠度三个可靠性指标，对城市供水管网可靠性分析进行了初步尝试，并取得了较好效果。2002 年，赵新华等人利用故障率、修复率等管段组件可靠性指标，采用最小割集法建立了评价供水管网网络结构可靠性的数学模型，提出了按“组件可靠度→微观水力模拟仿真→系统可靠度”的顺序，分析供水管网系统可靠性的研究方法。

从节点的角度考虑管网的可靠度，决定了管网结构的重要性。因此大量供水管网的可靠性围绕管网的结构展开。如 1988 年，Wagner 等人提出了节点连通性和管网系统可得性两个指标，从网络结构可靠性出发对给水管网进行评价，并取得一定成果。然而，该方法存在着明显缺陷，其假设只要水源与节点连通，就能够满足对水量、水压和水质的要求，这显然与实际情况不符。20 世纪 90 年代，《城市供水行业 2000 年技术进步发展规划》中简要介绍了给水管网设计时网络结构可靠性问题。例如，环状管网的可靠性高于支状管网的可靠性，规定管网中任意管段发生故障时，所减少的供水量若大于总供水量的 30%，那么就认为该城市给水管网不可靠等。

3. 从单因素评估到多因素评估

前期研究模型都只是从某一个或几个方面对供水系统的可靠性进行分析。事实上，影响供水系统可靠性的因素非常多，如组件失效、水力故障及流量变化等因素，但要综合考虑所有影响供水系统可靠性的因素，即使是针对小型管网，也是很难实现的。最早，供水管网可靠性的研究以机械可靠性为主，如管段或组件破损导致的管网失效。1982 年，O'Day 针对美国大多数城市主干管渗漏或破裂的严重问题展开研究，统计得到美国大多数城市主干管故障率的资料。同年，Walski 和 Pellacia 则对城市供水主干管存在的故障问题做了经济分析并提出回归模式。Clark 等人分析了可靠性影响因素及管道破损率的统计关系提出聚合模式。1985 年，Cullinane 提出了特殊部件的可靠度计算。

随后城市供水管网加入了水质这一因素，水质不好容易导致管件堵塞，长时间导致磨损破坏，从而导致管网失效。后期，水量和水压的不满足也被认为是供水管网不可靠，因此又提出了水力可靠性。Su 等人在建立城市给水管网优化设计模型中第一次考虑了管网系统发生水力故障对供水可靠性的影响。1989 年，Lansey 等人以管道粗糙度、需求水量和压力水头为随机变量构造了概率约束的非线性问题。同年，Goulter 等人综合考虑管网发生机械故障和水力故障的情况，对城市给水管网系统的可靠性进行分析。但是他们所建立的可靠性模型忽略了高位水池的水位变化对供水可靠性的影响。2003 年，伍悦滨提出供水管网系统性能评价的三个基本体系为水力分析体系、水质分析体系和可靠性分析体系，评价过程遵循以水力分析为前提、水质分析为补充、可靠性分析为主体的原则，给出了供水管网系统性能定量评价的系统化方法，即针对不同评价体系选定相关的状态变量，绘制标准服务性能曲线以标定元素级性能指标对状态变量的变化规律，选择归纳函数拓展元素级性能评价，得到整个管网的性能指标值。4 年后，他基于信息熵提出路径熵的概念，分别建立实际路径熵、最大路径熵及相对路径熵计算模型；指出路径熵度量水流对路径选择的不确定性，最大熵反映系统潜在的最大可靠性，相对路径熵度量实际工况下系统实现其最佳潜力的能力，反映系统的可靠性。实际管网算例分析表明，系统的相对路径熵值越趋近于 1，系统水力性能越好，可靠性越大。2004 年，王力将供水管网的网络结构与水力条件相结合，即把管网发生的机械故障和水力故障相结合，综合分析与研究供水管网各用水节点和管网系统的供水可靠性，并取得良好效果。2005 年，王圃等人将供水管网发生机械故障和水力条件变化相结合，综合分析供水管网可靠性，建立了适用于水力条件变化的供水管网可靠度模型，并将所得结论应用于实际管网的改扩建工程，并取得良好效果。因此，供水管网的可靠性经历了从单因素评估向多因素评估发展。

1.3 小 结

我国同济大学、天津大学、哈尔滨工业大学在基于可靠性的供水管网新建和改扩建优化研究方面做了深入的研究，取得了一定的研究成果。但是目前我国在供水管网可靠性评价方面的研究还很不完善，需要通过更加深入的研究建立起科学的可靠性评价指标体系，进而将供水管网的水力分析和可靠性评价有机地结合起来。

同时，目前的供水管网可靠性研究主要集中在城市供水管网，对矿山供水管网的研究较少。而城市和矿山供水管网具有较大区别，城市管网复杂，矿山管网简单。另外矿山供水管网所处的运行环境比较恶劣，要承受高压、高湿和高腐蚀，供水时间长，管网服务年限也要达到几十年。因此城市供水管网的研究成果不能直接用于矿山供水管网，要进行进一步的研究。

对于系统可靠性问题的研究存在两个急待解决的中心问题，即：选择合适的可靠性评价方法、建立可接受的可靠度标准。围绕这两个中心问题，众多的学者采用不同的方法，从不同的角度对供水系统的可靠性分析、评价问题进行了大量的研究，主要包括两方面的内容：一是从供水系统拓扑结构出发的可靠性研究，另一个是从供水系统水力条件出发的可靠性研究。

综上所述，供水管网系统的可靠性问题还没有得到很好地解决，如何采用有效的方法解决供水管网可靠性分析问题一直是众多供水管网系统理论研究人员的主要研究方向。由于供水管网系统可靠性问题涉及管网模型中的诸多方面，所以至今对供水管网系统可靠性仍没有统一的定义，供水管网系统可靠性问题还有待于进一步地深入研究。

第 2 章　矿井防尘供水管网机械可靠性分析

矿井供水管网以静压供水为主，动压供水为辅。管网主要由管段、阀门和接头构成。在长期服役过程中，由于矿井供水管网所处环境复杂多变，经常受到各种内外因素的影响，导致管网失效，造成极大的经济损失，矿井供水管网的可靠运行是矿井防尘设施有效实施的保证，因此必须提高防尘管网的安全性和可靠性。

为了提高矿井供水管网的运行可靠性，需要通过全面分析影响矿井供水管网可靠性的因素，建立了可靠性评价体系。根据管网故障原因将供水管网故障可以分为三类：机械故障、水力故障、水质故障。本章对矿井供水管网的机械可靠性进行分析，采用模糊综合评价法和未确知测度进行评估可靠性。

2.1　矿井防尘供水管网故障分析

2.1.1　管网故障类型

在实际矿山井下供水管网运行过程中，可能遇到各种故障，故障的种类很多，但是故障最终结果是导致管网不能完成预期实现的功能，即认为矿井防尘供水管网不可靠。根据管网故障原因将供水管网故障可以分为三类：机械故障、水力故障、水质故障。

1. 机械故障

机械故障是指由于供水管网组件受到损坏或者失效而导致系统功能的失效，即管网功能失效是由于系统内机械组件的故障引起的，例如管段破裂、阀门失效、接口破损等。井下防尘管网以静压供水为主，受到多种多样的影响因素，可能发生机械故障的概率较大。

2. 水力故障

供水管网在实现的功能上，除了能够达到供给防尘用水的功能外，还需要对供水的水力参数的性能上要到达生产作业的需求。水力故障是指供水管网在运行中因不能保证用水点的水量和水压而产生的故障，影响矿井正常生产。现场多表现为需水点水量和水压较小，不能满足设备需水的供给。

3. 水质故障

水质故障定义为由于水本身的质量存在问题而引发的故障，例如水中悬浮颗粒物浓度超标、悬浮颗粒物粒度较大、水的硬度或者酸碱度较大等，都可能造成对喷头堵塞、管材腐蚀、管段堵塞等故障。

上述的三种故障之间存在紧密关系，故障之间有的时候也很难界定。水质故障和机械故障可能引发水力故障，而发生水力故障不一定发生水质故障、机械故障。

2.1.2 管网故障主要原因

矿井供水管网以静压供水为主，主要由管段、阀门和接头构成。在运行过程中，井下防尘供水管网所处井下恶劣的环境中，受到多种因素的影响，管网本身的结构具有复杂性，维护难度大。导致矿井供水管网发生故障的主要原因包括：

（1）长期使用引起的损坏，由于管网个别组分的陈旧、磨损和破裂以致无法继续使用。管段积垢、管壁腐蚀都会降低管网的输水和配水能力。管段接头密封性的破坏将增加漏水量，漏水过多可能冲刷管段基础而引起事故。

（2）设计不当，由于供水系统的用水量预测非常复杂，造成管网设计中的用水量预测误差难以避免，导致设计流量偏离实际用水量，管网规模与实际需要不符，在不良水力工况条件下工作，加快了管网系统的老化、磨损。

（3）水的硬度、pH 值、悬浮物含量等超标，导致管网组件更易积垢、腐蚀或堵塞从而引起事故。总之管网损坏是影响正常供水的主要原因。

（4）灾害和其他未能预料的情况，包括一些未能预料的突发灾害和事故对管网的破坏情况。

2.1.3 管网故障相关参数

1. 故障概率与正常工作概率

设管网发生故障之间的工作时间分布函数为 $f_1(t)$，则 $t<t_i$时间内单元的故障概率为 $D=f_1(t_i)$，得出正常工作概率为

$$F(t)=1-D=f_2(t_i) \tag{2-1}$$

式中，函数$f_1(t)$、$f_2(t_i)$ 分别表示单元故障概率与正常工作概率，两者之和等于1。

$$F(t)=\frac{N-n}{N}=1-\frac{n}{N} \tag{2-2}$$

式中，n 表示在该段时间间隔内发生故障的组件数；N 表示开始时工作的总组件数；$F(t)$ 表示可靠地工作组件百分数随时间的变化，也称为可靠度。

故障概率可表示为

$$D(t)=1-F(t)=\frac{n}{N} \tag{2-3}$$

2. 故障强度

故障强度定义为单位时间内的平均故障次数。供水管网中单元故障概率较小，参考相关文献与统计资料，单元故障次数分布规律趋近于泊松分布。

用 x_i 表示管段 i 一年中发生故障的次数，则

$$P\{x_i=k\}=\frac{(\lambda)^k e^{-\lambda}}{k!},\ k=0,\ 1,\ 2\cdots \tag{2-4}$$

式中，λ 为管段 i 的故障概率，次/(a · km)。

3. 故障间隔时间 T

故障间隔时间 T 可以通过 λ 计算得出，故障间隔时间与故障强度呈倒数关系，即 $T=1/\lambda$。

4. 故障时节点可利用率 η

节点的可利用率：在管网中，当某一管段发生故障后，能正常工作的节点与管网中的节点总数的比值。

$$\eta=\frac{n-n_i}{n},\ i\in(0,\ n-1) \tag{2-5}$$

式中，η 表示管网节点的可利用率；n_i 表示管网 i 出现故障后受到影响的节点数；n 表示网络节点总数。

5. 故障时流量的可利用率 β

流量的可利用率：在管网中，当某一管段发生故障后，能正常工作的节点的流量和与管网中的总流量和的比值。

$$\beta=\frac{Q_{总}-Q_i}{Q_{总}},\ i\in(0,\ n-1) \tag{2-6}$$

式中，β 表示管网流量的可利用率；Q_i 表示管网 i 出现故障后受到影响节点流

量和；$Q_{总}$表示网络所有节点流量和。

2.2 评价指标体系的建立

2.2.1 选取评价指标的原则

由于矿井供水管网是一个复杂的系统，因此要从多个方面，结合多种因素进行其可靠性综合评价。建立矿井供水管网可靠性指标体系，应保证指标体系的系统性、客观性和实用性；所选指标应具有代表性、全面性、协调性和层次性；必须分析指标间的相互关系，确定指标体系的结构。

1. 全面性原则

对于矿井供水管网可靠性是一种全面性的多因素评价，为了保证这一点，选取的因素应该具有代表性。重要指标不能遗漏，要真实准确地反映总体目标和要求，以保证体系的简化和实用，突出重点。

2. 系统性原则

分析方法和评价模型的建立是以系统理论为基础的。从系统工程的思想出发，要求评价指标在层次上能形成一个有机的整体，所以在建立的时候必须遵循系统性原则，包括目的性、整体性、层次性、相关性、相融性及适用性等。

3. 科学性原则

评价指标要具有科学性和客观性。事物发展的规律是遵循一定科学原理的，科学知识是人类改造社会的指南。建立指标评价体系，也必须能够反映客观实际以及事物的本质，能反映影响防尘供水管网可靠性的主要因素。指标体系结构的拟定、指标的取舍、公式的推导等都要有科学的依据。只有坚持科学性原则，获得的信息才具有可靠性和客观性，结果才能更有说服力。评价指标必须通过客观规律、理论知识分析获得，形成经验与知识的互补，任何人为的凭主观性确定的指标都是不可取的。

4. 可行性原则

建立的评价因素体系应该能方便数据资料的收集，能反映事物的本质。评价指标的确定，要能够在生产生活中应用推广，具有一定的实用性。可行性除了包含实用性外，还要具有可操作性。评价系统指标体系不能过分简单，但也要避免面面俱到，评价程序与工作烦琐复杂，不易于操作，而失去了实际的意义。只有具有可行性，实施的方案才能较容易地被接受。

5. 评价指标的可量化原则

事物的质是要通过一定的量表现出来的，在采用广义多指标评价时，必须采用定性指标与定量指标相结合的原则，只采用定性分析而忽略定量分析是不全面的，定性分析是基础，定量分析是目标，因此，评价指标应该尽可能量化，只有量化了才能揭示出事物的本质。

6. 稳定性和独立性

建立评价指标体系时，选取的因素应该是变化比较有规律性的，那些受偶然因素、突发因素影响的指标就不能够入选。保证所建立的评价体系不会因为指标的选取而产生较大的偏差。

重复、等价、相容性指标会加大指标体系的容量，造成重复评估的现象，增大了相应因素的权重，不仅浪费大量精力和时间，还使最终的评价体系实用性降低。因此，同一体系各项指标不能重复，更不能出现等价指标，要保持指标之间的独立性。

2.2.2　建立指标体系的程序

由于矿井供水管网是一个复杂的系统，因此要从多个方面，结合多种因素进行其可靠性综合评价。建立矿井供水管网可靠性指标体系，应保证指标体系的系统性、客观性和实用性；所选指标应具有代表性、全面性、协调性和层次性；必须分析指标间的相互关系，确定指标体系的结构。矿井供水管网综合可靠性评价指标体系建立流程图如图 2－1 所示。

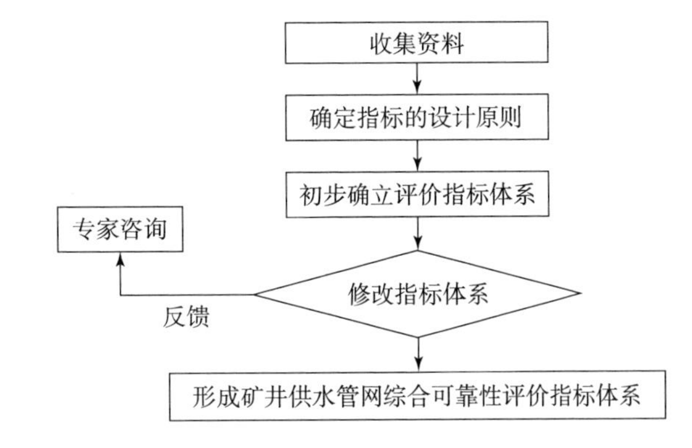

图 2－1　矿井供水管网综合可靠性评价指标体系建立流程图

2.2.3 评价指标的确定

通过对矿井供水管网进行分析，全方面考察其可靠性影响因素，结合相关法律法规以及事故统计数据，从而选取最重要的决定因素，建立以下可靠性评价指标体系。如图 2－2 所示，在此矿井供水管网综合可靠性中共建立了 5 个一级指标，14 个二级指标。

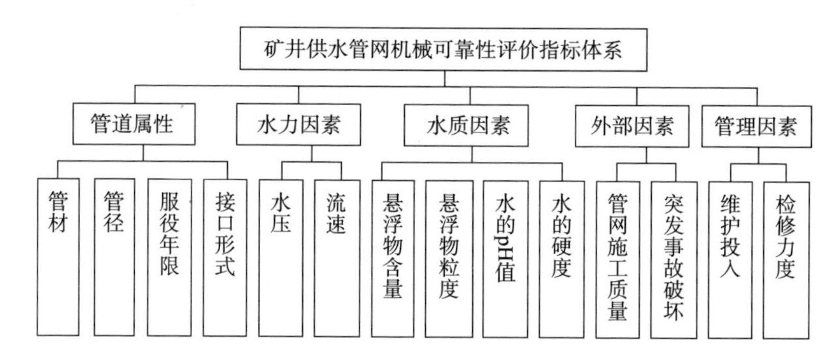

图 2－2 矿井供水管网综合可靠性评价体系

2.3 评价指标分析及量化

2.3.1 管道属性

1. 管材

管材是影响管网系统可靠性的一个主要因素。不同管材其耐腐蚀性、抗压强度不同，从而故障率也不同。故障率低，可靠度高，反之，故障率高，可靠度低。目前我国现有管道中，使用的管材主要有钢管、球墨铸铁管、预应力钢筋混凝土管、灰口铸铁管、塑料管、镀锌管、石棉水泥管等。其中，各种管材的可靠度大小依次为：钢管 > 球墨铸铁管 > PVC 管 > 预应力混凝土管 > 灰口铸铁管。

目前，《煤矿井下消防、洒水设计规范》(GB 50383—2016) 第八条规定“煤矿井下消防、洒水管道宜采用钢管，最大静水压力大于 1.6 MPa 的管段应采用无缝钢管；计算水压小于或等于 1.6 MPa 的管段可采用焊接钢管。”

本书将管材指标定量化，以钢管使用率即钢管总管长占管网总管长百分比来评价，用公式表示为

$$钢管使用率=\frac{钢管总管长}{管网总管长}\times 100\% \tag{2-7}$$

确定管材评价分级界定值与对应的风险分级为：95%—Ⅰ级危害（轻度），80%—Ⅱ级危害（中度），70%—Ⅲ级危害（重度），50%—Ⅳ级危害（极度）。

2. 管径

设计管网时，管径是根据流量、流速和压力等水力条件经过水力计算而得出。管径大小的改变直接影响管道内部的水力条件，进而影响管网运行和漏损情况。当管径较小时，管内流速较高，管段水头损失就较大，因此放大管径可提高节点可靠度。

由于整个管网的主管支管管径有所不同，本书引入平均管径的概念，用下式表示：

$$平均管径=管径1\times\frac{管径1管长和}{管网总管长}+管径2\times\frac{管径2管长和}{管网总管长}+\cdots \tag{2-8}$$

据此，确定管径评价分级界定值与对应的风险分级为：DN200—Ⅰ级危害（轻度），DN150—Ⅱ级危害（中度），DN100—Ⅲ级危害（重度），DN60—Ⅳ级危害（极度）。

3. 服役年限

服役年限是影响机械可靠性的主要因素之一。服役年限越大，管道以及阀门等零部件磨损越大，也越容易发生管网漏损等事故。调查统计显示服役年限大于 10 年管道事故率会明显增加。在此，我们将服役年限划分为 5 年、10 年、15 年和 20 年四类。确定服役年限评价分级界定值与对应的风险分级为：5 年—Ⅰ级危害（轻度），10 年—Ⅱ级危害（中度），15 年—Ⅲ级危害（重度），20 年—Ⅳ级危害（极度）。

4. 接口形式

管网接口具有多种不同形式，不同接口形式对管网可靠性影响不同。采用刚性接口形式，当管道受压后可能导致管道开裂、断裂情况发生，而柔性接口形式能够很好改善这种情况。不同接口形式的可靠度大小为：球墨管 > 混凝土胶圈 > 塑料管法兰配件 > 铅口 > 石棉水泥。

在此，我们用球墨管、混凝土胶圈占整个管网接口使用率为定量评价指标。确定接口形式评价分级界定值与对应的风险分级为：90%—Ⅰ级危害（轻度），80%—Ⅱ级危害（中度），70%—Ⅲ级危害（重度），60%—Ⅳ级危害（极度）。

2.3.2 水力因素

1. 水压

供水管网水力可靠性包含各工作点的水压能够满足降尘点用水水压。一般的水力问题主要表现在水压不足，尤其对于距离水源较远的管道。这是因为煤矿井下防尘系统是在地面设置供水池，沿井筒、运输大巷敷设管道，送至各降尘用水地点。由于降尘点分散、距离远、标高差大，致使一些距离较远、高差大的降尘点水压不足，达不到喷嘴的压力要求，而得不到预期的喷雾效果。由于条件的限制，很多工作面水压较低，影响了井下喷雾降尘的效果；而要提高水压，又受管道质量的限制，水压过高会导致水管爆裂或接头漏水。

根据相关研究及数据统计，确定水压评价分级界定值与对应的风险分级为：1 MPa—Ⅰ级危害（轻度），1.5 MPa—Ⅱ级危害（中度），2 MPa—Ⅲ级危害（重度），3 MPa—Ⅳ级危害（极度）。

2. 流速

水管流速是影响管网水力可靠性的主要因素。流速太小，管道内容易沉积杂质，可能会堵塞管道。流速过大，一方面容易产生水锤现象，另一方面，水头损失大，可能影响水压的供给。因此流速一般小于2.5～3.0 m/s；最低流速不小于0.6 m/s。

确定流速评价分级界定值与对应的风险分级为：2.5 m/s—Ⅰ级危害（轻度），1.5 m/s—Ⅱ级危害（中度），1 m/s—Ⅲ级危害（重度），0.6 m/s—Ⅳ级危害（极度）。

2.3.3 水质因素

煤矿井下生产用水包括防尘用水、配制乳化液用水、设备冷却用水等。而不同用水的水质要求各有不同，如高压喷雾对碳酸盐硬度要求高，而中、低压喷雾防尘用水对水质要求就不高。从用水量上看，不同用途用水量不同。其中以采煤工作面高压喷雾防尘用水量所占比例较大，占井下用水量的30%～40%。此外，60%～70%的用水量对水质要求较低。矿井防尘供水管网对于水质有一定要求，根据《煤矿井下消防、洒水设计规范》（GB 50383—2016）相关水质要求，井下消防、洒水及一般设备用水标准如表 2－1 所示。

表 2－1　井下消防、洒水及一般设备用水标准

序号	项目	标准
1	悬浮物含量	不超过 30 mg/L
2	悬浮物粒度	不大于 0.3 mm
3	pH 值	6～9
4	水的硬度	不超过 3 mmol/L

1. 悬浮物含量

悬浮物指悬浮在水中的固体物质，包括不溶于水中的无机物、有机物及泥砂、黏土、微生物等。水中悬浮物含量是衡量水污染程度的指标之一。悬浮物含量过高容易造成管路堵塞、磨损，引发系统故障。根据相关规范，确定悬浮物含量评价分级界定值与对应的风险分级为：10 mg/L—Ⅰ级危害（轻度），30 mg/L—Ⅱ级危害（中度），60 mg/L—Ⅲ级危害（重度），100 mg/L—Ⅳ级危害（极度）。

2. 悬浮物粒度

悬浮物粒度大小对管网系统也有明显影响，粒度较大的悬浮物更易堵塞喷头，造成事故。根据相关规范，确定悬浮物粒度评价分级界定值与对应的风险分级为：0.1 mm—Ⅰ级危害（轻度），0.3 mm—Ⅱ级危害（中度），0.6 mm—Ⅲ级可靠性（较可靠），1 mm—Ⅳ级可靠性（不可靠）。

3. 水的 pH 值

pH 值过小水的酸度较大容易引起管道腐蚀，而 pH 值过大则易导致管道结垢。根据相关规范，将水的 pH 值作为定性指标。确定水的 pH 值评价分级界定值与对应的风险分级为：pH 值为 7～8—Ⅰ级危害（轻度），pH 值为 6～7 或 8～9—Ⅱ级危害（中度），pH 值为 5～6 或 9～10—Ⅲ级危害（重度），pH 值小于 5 或大于 10—Ⅳ级危害（极度），其对应的分值分别为 100、90、70、50。

4. 水的硬度

水的硬度是指水中钙、镁等离子的浓度，常用的硬度单位有 mmol/L 或 mg/L。由于水硬度并非是由单一的金属离子或盐类形成的，因此，为了有一

个统一的比较标准，有必要换算为另一种盐类。通常用 CaO 或者是 $CaCO_3$（碳酸钙）的质量浓度来表示。当水硬度为 0.5 mmol/L 时，等于 28 mg/L 的 CaO 或等于 50 mg/L 的 $CaCO_3$。水质硬度范围如表 2－2 所示。

表 2－2　水质硬度范围

单位＼水质	特软水	软水	中等水	硬水	特硬水
mmol/L	0～0.7	0.7～1.4	1.4～2.8	2.8～5.3	＞5.3
mg/L	0～1.4	1.4～2.8	2.8～5.6	5.6～10.6	＞10.6

确定水的硬度评价分级界定值与对应的风险分级为：1.4 mmol/L—Ⅰ级危害（轻度），2.8 mmol/L—Ⅱ级危害（中度），4 mmol/L—Ⅲ级危害（重度），5.3 mmol/L—Ⅳ级危害（极度）。

2.3.4　外部因素

1. 管网施工质量

管网施工质量是一个定性指标，分为很好、好、不好、很不好四种情况，对应的危害级别为Ⅰ级、Ⅱ级、Ⅲ级、Ⅳ级，对应的分值为 80、60、40、20。

2. 突发事故破坏

当突发事故时，管网可靠性可能会受到影响，甚至整个管网系统遭到破坏。这是一个定性指标，破坏影响度分为轻微影响、稍有影响、中等影响、严重影响，对应的危害级别为Ⅰ级、Ⅱ级、Ⅲ级、Ⅳ级，对应的分值为 80、60、40、20。

2.3.5　管理因素

1. 维护投入

在管网维护中，一方面需安装一些必要的设施，如加压或减压设施；另一方面需要一定的人力投入，如进行管道防腐、管道清理、管道防垢等工作。在此，以管网维护投入资金占管网建设总投入的比例来定量指标。确定维护投入评价分级界定值与对应的风险分级为：10%—Ⅰ级危害（轻度），8%—Ⅱ级危害（中度），5%—Ⅲ级危害（重度），2%—Ⅳ级危害（极度）。

2. 检修力度

管网在运行中不可避免会出现故障，预先排除故障和及时维修都很有必要。加强管道的巡检工作有利于及时发现管网问题，提高维修率及可靠度。以巡检周期作为检修力度的评价标准，确定检修力度评价分级界定值与对应的风险分级为：1天—Ⅰ级危害（轻度），3天—Ⅱ级危害（中度），1周—Ⅲ级危害（重度），半月—Ⅳ级危害（极度）。

2.4　评价指标权重的分配

2.4.1　指标权重的概念

权重是一个相对的概念，是针对某一指标而言。某一指标的权重是指该指标在整体评价中的相对重要程度。

权重表示在评价过程中，是被评价对象的不同侧面的重要程度的定量分配，对各评价因子在总体评价中的作用进行区别对待。事实上，没有重点的评价就不算是客观的评价，每个人员的性质和所处的层次不同，其工作的重点也肯定是不能一样的。因此，相对工作所进行的业绩考评必须对不同内容对目标贡献的重要程度做出估计，即权重的确定。

总之，权重是要从若干评价指标中分出轻重来，一组评价指标体系相对应的权重组成了权重体系。一组权重体系$\{v_i \mid i=1, 2, \cdots, n\}$，必须满足下述两个条件：

（1）$0<v_i\leqslant 1$，$i=1, 2, \cdots, n$。

（2）其中n是权重指标的个数$\sum_{i=1}^{n} v_i = 1$。

一级指标和二级指标权重的确定：

设某一评价的一级指标体系为$\{w_i \mid i=1, 2, \cdots, n\}$，其对应的权重体系为$\{v_i \mid i=1, 2, \cdots, n\}$，则有

（1）$0<v_i\leqslant 1$，$i=1, 2, \cdots, n$。

（2）$\sum_{i=1}^{n} v_i = 1$。

如果该评价的二级指标体系为$\{w_{ij} \mid i=1, 2, \cdots, n; j=1, 2, \cdots, m\}$，则其对应的权重体系$\{v_{ij} \mid i=1, 2, \cdots, n; j=1, 2, \cdots, m\}$应满足：

（1）$0 < v_{ij} \leqslant 1$。

（2）$\sum_{i=1}^{n} v_i = 1$。

（3）$\sum_{i=1}^{n} \sum_{j=1}^{m} v_i v_{ij} = 1$。

对于三级指标、四级指标可以以此类推。权重体系是相对指标体系来确立的。首先必须有指标体系，然后才有相应的权重体系。指标权重的选择，实际也是对系统评价指标进行排序的过程，而且，权重值的构成应符合以上的条件。

2.4.2 确定指标权重的原则

1. 系统优化原则

在评价指标体系中，每个指标对系统都有它的作用和贡献，对系统而言都有它的重要性。所以，在确定它们的权重时，不能只从单个指标出发，而是要处理好各评价指标之间的关系，合理分配它们的权重。应当遵循系统优化原则，把整体最优化作为出发点和追求的目标。

在这个原则指导下，对评价指标体系中各项评价指标进行分析对比，权衡它们各自对整体的作用和效果，然后对它们的相对重要性做出判断。确定各自的权重，即不能平均分配，又不能片面强调某个指标、单个指标的最优化，而忽略其他方面的发展。在实际工作中，应该使每个指标发挥其应有的作用。

2. 评价者的主观意图与客观情况相结合的原则

评价指标权重反映了评价者和组织对人员工作的引导意图和价值观念。当他们觉得某项指标很重要，需要突出它的作用时，就必然更改指标以较大的权数。但现实情况往往与人们的主观意愿不完全一致，比如，确定权重时要考虑这样几个问题：

（1）历史的指标和现实的指标；

（2）社会公认的和企业的特殊性；

（3）同行业、同工种间的平衡。

所以，必须同时考虑现实情况，把引导意图与现实情况结合起来。前面已经讲过，评价经营者的经营业绩应该把经济效益和社会效益同时加以考虑。

3. 民主与集中相结合的原则

权重是人们对评价指标重要性的认识，是定性判断的量化，往往受个人主观因素的影响。不同的人对同一件事情都有各自的看法，而且经常是不相同的，其中有合理的成分；也有受个人价值观、能力和态度造成的偏见。这就需要实行群体决策的原则，集中相关人员的意见互相补充，形成统一的方案。这个过程有下列好处：

（1）考虑问题比较全面，使权重分配比较合理，防止个别人认识和处理问题的片面性。

（2）比较客观地协调了评价各方之间意见不统一的矛盾，经过讨论、协商、考察各种具体情况而确定的方案，具有很强的说服力，预先消除了许多不必要的纠纷。

（3）这是一种参与管理的方式，在方案讨论的过程中，各方都提出了自己的意见，而且对评价目的和系统目标都有进一步的体会和了解，在日常工作中，可以更好地按原定的目标进行工作。

2.4.3　指标权重的确定方法

确定权重的方法很多，有专家排序法、模糊聚类分析法、熵值确定法、相关系数法和因子分析法等。各种方法均有其优缺点，如何选择对指标进行赋权的最佳方法，是综合评价的关键。目前影响因素权重确定的方法大致可分为两大类：一类是由专家根据经验判断各评价指标相对于评价目的而言的相对重要度，然后经过综合处理获得指标权重，称为主观赋权法，层次分析法和德尔菲法属于这一类；另一类是各指标根据一定的规则进行自动赋权，称为客观赋权法，主成分分析法、因子分析法、灰色关联分析法和熵值确定法属于此类。

根据各权重确定方法的特点以及供水管网实际情况，本着简单、可操作以及准确的原则，本书中使用层次分析法来进行权重的分配。

层次分析法简称 AHP 法，由美国 T. L. Saaty 提出。它将一个复杂的系统按照各因素隶属关系进行结构分层，再通过人为主观判断各指标的相对重要性，用合适的标度将这些重要性比较结果表示出来形成判断矩阵，然后经过数据综合处理来评价。层次分析法不仅能够处理体系中的定量指标，还可处理定性指标。

层次分析法具体操作如下：

1. 体系层次化

根据各因素隶属关系进行结构分层。

这是层次分析法的关键步骤，根据评价指标体系中各指标所属类型，将其划分成不同层次，就形成了矿井供水管网机械可靠性评价的递阶层次结构模型，如图2－3所示。

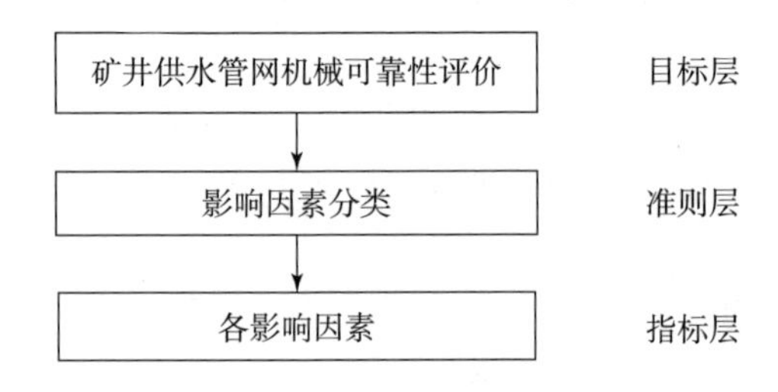

图2－3　递阶层次结构模型

通常递阶层次结构模型由以下三个层次组成：

（1）目标层（最高层）：或称为理想结果层，表示解决问题的目的，即层次分析要达到的总目标。

（2）准则层（中间层）：或称为思想束缚层、约束层，表示采取某种措施、政策、方案等来实现预定总目标所涉及的中间环节。这一层次为评价准则和影响评价的因素，是对目标层的具体描述和扩展，如本书中的“管道属性”“水力因素”“水质因素”“外部因素”“管理因素”五个因素。有时，中间环节较多，准则层不止一层，可分为子准则层、子因素层。

（3）指标层（最低层）：这一层次是对评价准则层的细化，即对准则层的具体化。

2. 构造判断矩阵

根据AHP原理以及人为判断同一指标层因素之间的相对重要性，构造判断矩阵$\boldsymbol{B}=(b_{ij})_{n\times n}$。

判断矩阵一般形式：

$$\boldsymbol{B}=\begin{bmatrix} B & B_1 & B_2 & \cdots & B_n \\ B_1 & b_{11} & b_{12} & \cdots & b_{1n} \\ B_2 & b_{21} & b_{22} & \cdots & b_{2n} \\ \vdots & \vdots & \vdots & \ddots & \vdots \\ B_n & b_{n1} & b_{n2} & \cdots & b_{nn} \end{bmatrix} \tag{2-9}$$

式中，b_{ij}表示因素B_i比因素B_j的相对重要性所对应数值，具体取值参照表2－3。此外，$b_{ij}>0$；$b_{ij}=1/b_{ji}$；$b_{ii}=1$

表2－3　1～9标度含义表

标度	含义
1	因素B_i与B_j相比，具有同等的重要性
3	因素B_i与B_j相比，B_i比B_j稍微重要
5	因素B_i与B_j相比，B_i比B_j明显重要
7	因素B_i与B_j相比，B_i比B_j强烈重要
9	因素B_i与B_j相比，B_i比B_j极端重要
2、4、6、8	分别表示B_i与B_j相比，重要性分别在1～3，3～5，5～7，7～9之间

得到判断矩阵 $\boldsymbol{B}$ 后，解判断矩阵的特征根。计算权重向量和特征根的方法有“和积法”“方根法”“根法”。本书选用了计算较为简便的“和积法”，具体计算步骤如下：

（1）对判断矩阵 $\boldsymbol{B}$ 每一列正规化

$$\overline{b_{ij}} = \frac{b_{ij}}{\sum_{k=1}^{n} b_{kj}} \ (i, j = 1, 2, \cdots, n) \tag{2-10}$$

（2）每一列正规化的判断矩阵再按行相加得和向量

$$\overline{\boldsymbol{W}_i} = \sum_{j=1}^{n} \overline{b_{ij}} \ (i = 1, 2, \cdots, n) \tag{2-11}$$

将得到的和向量 $\overline{\boldsymbol{W}} = (\overline{\boldsymbol{W}_1}, \overline{\boldsymbol{W}_2}, \cdots, \overline{\boldsymbol{W}_n})^{\mathrm{T}}$ 做正规化处理

$$\boldsymbol{W}_i = \frac{\overline{\boldsymbol{W}_i}}{\sum_{i=1}^{n} \overline{\boldsymbol{W}_i}} \ (i = 1, 2, \cdots, n) \tag{2-12}$$

（3）计算判断矩阵的最大特征根 $\lambda_{\max}$

$$\lambda_{\max} = \sum_{i=1}^{n} \frac{(\boldsymbol{BW})_i}{n\boldsymbol{W}_i} = \frac{1}{n} \sum_{i=1}^{n} \frac{(\boldsymbol{BW})_i}{\boldsymbol{W}_i} \tag{2-13}$$

3. 一致性检验

一致性检验即检验判断矩阵是否具有完全一致性，当满足完全一致性时说明计算的重要性排序是合理的。具有完全一致性的条件是：矩阵具有唯一非零的、也是最大的特征值 $\lambda_{\max} = n$，其余特征值接近于零。

由于评价对象的复杂性以及人们认识的局限性，不是每个判断都会符合上述条件也即具有完全的一致性。当判断矩阵不满足上述条件时，可用特征值的变化来判断一致性程度，在此引入一致性指标 CI、平均一致性指标 RI 和一致性比率 CR 概念。

（1）一致性检验指标

$$CI = \frac{\lambda_{\max} - n}{n - 1} \tag{2-14}$$

式中，n——矩阵阶数。

（2）平均一致性检验指标 RI。

平均一致性检验指标 RI 的确定需要查表 2－4 得到。

表 2-4　1~12 阶矩阵平均一致性指标

阶数	1	2	3	4	5	6	7	8	9	10	11	12
RI	0	0	0.52	0.89	1.12	1.26	1.36	1.41	1.46	1.49	1.52	1.54

（3）一致性比率 CR。

$$CR = \frac{CI}{RI} \tag{2-15}$$

当 $CR < 0.1$ 时，可得出矩阵具有满意一致性的结论。

如果用以上方法判断矩阵不具有满意一致性时，需要重新调整相对重要性判断矩阵。

2.4.4　指标权重的计算

1. 准则层因素的权重计算

层次结构如图 2-2 所示，用 P、H、Q、E、M 代表管道属性、水力因素、水质因素、外部因素、管理因素这五个因素。判断矩阵 $\boldsymbol{B}$ 为

$$\boldsymbol{B} = \begin{bmatrix} B & P & H & Q & E & M \\ P & 1 & 2 & \frac{1}{2} & 6 & 5 \\ H & \frac{1}{2} & 1 & \frac{1}{4} & 3 & 2 \\ Q & 2 & 4 & 1 & 7 & 5 \\ E & \frac{1}{6} & \frac{1}{3} & \frac{1}{7} & 1 & \frac{1}{2} \\ M & \frac{1}{5} & \frac{1}{2} & \frac{1}{5} & 2 & 1 \end{bmatrix}$$

用“和积法”计算权重向量：

$$\text{（按列正规化）} \rightarrow \begin{bmatrix} \frac{4}{19} & \frac{4}{19} & \frac{6}{29} & \frac{4}{17} & \frac{4}{19} \\ \frac{4}{19} & \frac{4}{19} & \frac{6}{29} & \frac{4}{17} & \frac{4}{19} \\ \frac{8}{19} & \frac{8}{19} & \frac{12}{29} & \frac{6}{17} & \frac{8}{19} \\ \frac{1}{19} & \frac{1}{19} & \frac{2}{29} & \frac{1}{17} & \frac{1}{19} \\ \frac{2}{19} & \frac{2}{19} & \frac{3}{29} & \frac{2}{17} & \frac{2}{19} \end{bmatrix} \text{（按行相加，正规化）} \rightarrow \begin{bmatrix} 0.215 \\ 0.215 \\ 0.406 \\ 0.057 \\ 0.107 \end{bmatrix}$$

保留小数点后两位，则权重值取为：$W_1=0.22$，$W_2=0.22$，$W_3=0.41$，$W_3=0.06$，$W_5=0.11$。

由式（2－13）得 $\lambda_{\max}=\sum_{i=1}^{n}\frac{(\boldsymbol{BW})_i}{n\boldsymbol{W}_i}=\frac{1}{n}\sum_{i=1}^{n}\frac{(\boldsymbol{BW})_i}{\boldsymbol{W}_i}$ 计算最大特征值：

$$(\boldsymbol{BW})_i=\begin{bmatrix} 1\times0.22 & 1\times0.22 & \frac{1}{2}\times0.41 & 4\times0.06 & 2\times0.11 \\ 1\times0.22 & 1\times0.22 & \frac{1}{2}\times0.41 & 4\times0.06 & 2\times0.11 \\ 2\times0.22 & 2\times0.22 & 1\times0.41 & 6\times0.06 & 4\times0.11 \\ \frac{1}{4}\times0.22 & \frac{1}{4}\times0.22 & \frac{1}{6}\times0.41 & 1\times0.06 & \frac{1}{2}\times0.11 \\ \frac{1}{2}\times0.22 & \frac{1}{2}\times0.22 & \frac{1}{4}\times0.41 & 2\times0.06 & 1\times0.11 \end{bmatrix}$$

$$=\begin{bmatrix} 1.10 \\ 1.10 \\ 2.09 \\ 0.29 \\ 0.55 \end{bmatrix}$$

$$\lambda_{\max}=\frac{1}{5}\times\left(\frac{1.10}{0.22}+\frac{1.10}{0.22}+\frac{2.09}{0.41}+\frac{0.29}{0.06}+\frac{0.55}{0.11}\right)=4.99$$

进行一致性检验：

$$CI=\left|\frac{\lambda_{\max}-n}{n-1}\right|=\left|\frac{4.99-5}{4}\right|=0.0025$$

由表2－4查得 $n=5$ 时，$RI=1.12$，则

$$CR=\frac{CI}{RI}=\frac{0.0025}{1.12}=0.0022<0.1$$

所以判断矩阵的结果可以接受，求得的权重值可以使用。

将计算结果整理，如表2－5所示。

表2－5　准则层因素的权重计算结果

判断矩阵 B	P	H	Q	E	M	W_i	$\lambda_{\max}$	CR	备注
P	1	1	1/2	4	2	0.22			
H	1	1	1/2	3	2	0.22			
Q	2	2	1	5	4	0.41	4.99	0.0022<0.1	权重可以使用
E	1/4	1/3	1/5	1	1/2	0.06			
M	1/3	1/2	1/4	2	1	0.11			

2. 管道属性因素的权重计算

用 P_1、P_2、P_3、P_4 代表管材、管径、服役年限、接口形式这四个指标，建立判断矩阵 $\boldsymbol{B}_1$，计算结果归纳如表 2－6 所示。

表 2－6　管道属性因素的权重计算结果

判断矩阵 B_1	P_1	P_2	P_3	P_4	W_i	λ_{max}	CR	备注
P_1	1	1/2	2	4	0.28	4.02	0.007 5 < 0.1	权重可以使用
P_2	2	1	3	6	0.49			
P_3	1/2	1/3	1	2	0.15			
P_4	1/4	1/6	1/2	1	0.07			

3. 水力因素的权重计算

用 H_1、H_2 代表水压、流速这两个指标，建立判断矩阵 $\boldsymbol{B}_2$，计算结果归纳如表 2－7 所示。

表 2－7　水力因素的权重计算结果

判断矩阵 B_2	H_1	H_2	W_i	λ_{max}	CR	备注
H_1	1	2	0.67	2	0 < 0.1	权重可以使用
H_2	1/2	1	0.33			

4. 水质因素的权重计算

用 Q_1、Q_2、Q_3、Q_4 代表悬浮物含量、悬浮物粒度、水的 pH 值、水的硬度这四个指标，建立判断矩阵 $\boldsymbol{B}_3$，计算结果归纳如表 2－8 所示。

表 2－8　水质因素的权重计算结果

判断矩阵 B_3	Q_1	Q_2	Q_3	Q_4	W_i	λ_{max}	CR	备注
Q_1	1	1	1	1	0.25	4	0 < 0.1	权重可以使用
Q_2	1	1	1	1	0.25			
Q_3	1	1	1	1	0.25			
Q_4	1	1	1	1	0.25			

5. 外部因素的权重计算

用 E_1、E_2 代表管网施工质量、突发事故破坏这两个指标，建立判断矩阵

$\boldsymbol{B}_4$，计算结果归纳如表2－9所示。

表2－9　外部因素的权重计算结果

判断矩阵 B_4	E_1	E_2	W_i	λ_{max}	CR	备注
E_1	1	3	0.75	2	0<0.1	权重可以使用
E_2	1/3	1	0.25			

6. 管理因素的权重计算

用 M_1、M_2 代表维护投入、检修力度这两个指标，建立判断矩阵 $\boldsymbol{B}_5$，计算结果归纳如表2－10所示。

表2－10　管理因素的权重计算结果

判断矩阵 B_5	M_1	M_2	W_i	λ_{max}	CR	备注
M_1	1	1	0.5	2	0<0.1	权重可以使用
M_2	1	1	0.5			

评价指标体系权重如表2－11所示。

表2－11　评价指标体系权重

一级指标	权重	二级指标	权重
管道属性	0.22	管材	0.28
		管径	0.49
		服役年限	0.15
		接口形式	0.07
水力因素	0.22	水压	0.67
		流速	0.33
水质因素	0.41	悬浮物含量	0.25
		悬浮物粒度	0.25
		水的pH值	0.25
		水的硬度	0.25
外部因素	0.06	管网施工质量	0.75
		突发事故破坏	0.25
管理因素	0.11	维护投入	0.5
		检修力度	0.5

2.5 评价指标隶属函数的确定

隶属函数是模糊控制的应用基础，正确构造隶属函数是能否用好模糊控制的关键之一。隶属函数的确定过程，本质上说应该是客观的，但每个人对于同一个模糊概念的认识理解又有差异，因此，隶属函数的确定又带有主观性。

隶属函数的确立目前还没有一套成熟有效的方法，大多数系统的确立方法还停留在经验和实验的基础上。对于同一个模糊概念，不同的人会建立不完全相同的隶属度函数，尽管形式不完全相同，只要能反映同一模糊概念，在解决和处理实际模糊信息的问题中仍然殊途同归。

2.5.1 确定隶属函数的原则

（1）阈值性：要求每个模糊子集所对应的隶属函数的取值必须是上下限可达的函数。通常限制在[0，1]区间上。它使满足条件的函数具有隶属性，也就是说，它可以使具有这种性质的函数 f 决定一个模糊子集 $\underset{\sim}{A}$，并使 $f(x)$（$x \in X$）表示 x 属于 $\underset{\sim}{A}$ 的程度。$f(x)$ 越接近 $\max\{f(x) \mid x \in X\}$ 表明 x 属于 $\underset{\sim}{A}$ 的程度越大，否则越小，并且使中间各层次的隶属关系都能很好地表达出来。

阈值性使函数描述模糊集的隶属性成为可能。如果破坏闭值性就会出现某种怪现象，如：用无界函数 f：$x \rightarrow n$（$n \in N$，$x \in X$）表示隶属度，n 越大隶属度也越大，但这种情况却可得出对任何域中元素都不属于该模糊集的现象，也就是说取值无限的函数是不能描述属于和不属于关系的。而且满足闭值性的函数不仅能描述模糊集的隶属性，而且使隶属关系具有丰富的层次性，这就能更好地描述模糊集的特性。尽管 A. Kaufman 已经把隶属函数的取值推广到完全布尔格上，形成更广泛的 L 模糊集合论，但仍然保持着闭值性，这是由 L 的完全性决定的。

（2）可辨性（或称有效性）要求本来在隶属方面有区别的元素不应具有相同的隶属度。可辨性在实际应用隶属函数解决问题时，则显得更为重要，因为隶属函数的作用之一就是将论域中元素依据隶属性区分开来。如果违反这一原则，就会使所建立的隶属函数在解决实际问题中失去应有的作用。例如，在模式识别过程中，有人使用下述函数表示曲线对直线的隶属关系：

$$f(s)=\begin{cases}1-\dfrac{s}{s_t} & s\leqslant s_t \\ 0 & s>s_t\end{cases}\quad (s_t\text{为参数}) \tag{2-16}$$

这个参数取值的不同决定了曲线对直线隶属程度的不同，s_t取值越小，被看作直线的曲线越少，得到直线的精度就越高。因此，在一定精度限制下，s_t是有限制的，这种限制就是可辨性所要求的，如果没有这种限制，$f(s)$ 在一定程度上就会失去作用，从而使识别出现错误。

(3) 两极确定性：是指对模糊集合具有明确隶属关系的元素，其隶属函数值必须是 0 或 1，而不能是其他值。例如，关于曲线对直线的隶属函数，其值受 s_t的影响，但无论 s_t取什么值都必须有：当 1 是直线时，$f(1)=1$成立。如对“老人”这一模糊概念的隶属函数的确定，虽然在 40～50 岁的人所对应的函数值有争论，但对 100 岁和 10 岁的人的隶属度都是确定的。

两极确定性的另一方面含义与 A. M Norwich 和 I. B. Iurksen 的对应原则相类似，是指模糊子集集合转化成清晰集合时，隶属函数必须对应其特征函数，并且算子也转化成清晰集合的算子。

(4) 中间值的相对性：指在确定隶属函数时，在对并非完全属于或不属于某一模糊集合的元素取值时，可以有一定的相对性，即可以用不同的函数作同一模糊集的隶属函数。当然它们必须具有相同的变化趋势，这是后面的所谓有效性所规定的。在“模糊范围”内，仍有无数条曲线可用来表示各种可能的隶属函数曲线，但无论怎么变化，都必须具有单调上升的性质。

可见中间值的相对性说明了对隶属函数模糊范围内隶属函数值特征的描述，而两极确定性恰是对 I_0 和 I_1 两部分区域内隶属函数值特征的描述，因而相对性在确定隶属函数时，有相当重要作用。

中间值的相对性允许隶属函数在模糊区域内有一定的不确定性，这是由模糊概念的特点所决定的。当然这种相对性是有限制的，它必须满足隶属关系的保序性。

(5) 保序性：是指对每个模糊子集都在论域上确定一个偏序关系，在确定隶属函数时，无论隶属函数的差异多大，但必须如实反映这种偏序关系。

(6) 相容性：是指在确定几个相关的隶属函数时，这几个隶属函数间不能有矛盾，也不能与经典结果矛盾。

2.5.2　确定隶属函数的一般方法

确定隶属函数的方法大致有下述几种。

1. 模糊统计法

模糊统计法的基本思想是对论域 $\boldsymbol{U}$ 上的一个确定元素 v_0 是否属于论域上的一个可变动的清晰集合 $\boldsymbol{A}_3$ 做出清晰的判断。对于不同的试验者，清晰集合 $\boldsymbol{A}_3$ 可以有不同的边界，但它们都对应于同一个模糊集 $\boldsymbol{A}$。模糊统计法的计算步骤是：在每次统计中，v_0 是固定的，$\boldsymbol{A}_3$ 的值是可变的，做 n 次试验，其模糊统计可按下式进行计算 ：

$$v_0 \text{ 对 } \boldsymbol{A} \text{ 的隶属频率} = v_0 \in \boldsymbol{A} \text{ 的次数/试验的次数 } n \tag{2-17}$$

随着 n 的增大，隶属频率也会趋向稳定，这个稳定值就是 v_0 对 $\boldsymbol{A}$ 的隶属度值。这种方法较直观地反映了模糊概念中的隶属程度，但其计算量相当大。

2. 例证法

例证法的主要思想是从已知有限个 $\mu_A(x)$ 的值，来估计论域 $\boldsymbol{U}$ 上的模糊子集 $\boldsymbol{A}$ 的隶属函数。如论域 $\boldsymbol{U}$ 代表全体人类，$\boldsymbol{A}$ 是“高个子的人”，显然 $\boldsymbol{A}$ 是一个模糊子集。为了确定 $\mu_A(x)$，先确定一个高度值 h，然后选定几个语言真值（即一句话的真实程度）中的一个来回答某人是否算“高个子”。如语言真值可分为“真的”“大致真的”“似真似假”“大致假的”和“假的”五种情况，并且分别用数字 1、0.75、0.5、0.25、0 来表示这些语言真值。对 n 个不同高度 h_1、h_{21}、…、h_n 都做同样的询问，即可以得到 $\boldsymbol{A}$ 的隶属度函数的离散表示。

3. 专家经验法

专家经验法是根据专家的实际经验给出模糊信息的处理算式或相应权系数值来确定隶属函数的一种方法。在许多情况下，经常是初步确定粗略的隶属函数，然后再通过“学习”和实践检验逐步修改和完善，而实际效果正是检验和调整隶属函数的依据。

4. 二元对比排序法

二元对比排序法是一种较实用的确定隶属度函数的方法。它通过对多个事物之间的两两对比来确定某种特征下的顺序，由此来决定这些事物对该特征的隶属函数的大体形状。二元对比排序法根据对比测度不同，可分为相对比较法、对比平均法、优先关系定序法和相似优先对比法等。

2.5.3 评价指标隶属函数的选取

由于矿井供水管网机械可靠性评价指标多而复杂，具有非线性和时变性的特点，而且对它们状态测量存在一定困难，难以对它们实现自动控制，因此在系统中存在着许多模糊性问题，而事实上人们关注的一些因素往往是些模糊概念，从而使得传统的数学方法很难发挥更大的效力，而模糊数学恰为处理这类模糊事物提供了合适的数学手段。为了定量表达模糊概念，不应单用一个字“是”或“否”来回答，最好用一个数来反映它隶属于该模糊概念的程度，在模糊数学中，我们用一个“0”与“1”之间的数来反映论域中元素隶属于模糊集合的程度，隶属函数就是用于这个用途的。

模糊集合的定义：论域 $\boldsymbol{X}=\{x\}$ 上的模糊集合 $\boldsymbol{A}$ 由隶属函数 $\mu_A(x)$ 来表征，其中 $\mu_A(x)$ 在实轴的闭区间［0，1］中取值，$\mu_A(x)$ 的大小反映 x 对于模糊集合 $\boldsymbol{A}$ 的隶属程度。

论域 $\boldsymbol{X}=\{x\}$ 上的模糊集合 $\boldsymbol{A}$ 是指 $\boldsymbol{X}$ 中的具有某种性质的元素整体，这些元素具有某个不分明的界限，对于 $\boldsymbol{X}$ 中任一元素，我们能根据该种性质，用［0，1］间数来表征该元素隶属于 $\boldsymbol{A}$ 的程度。$\mu_A(x)$ 的值接近于 1，表示 x 隶属于 $\boldsymbol{A}$ 的程度很高；$\mu_A(x)$ 的值接近于 0，表示 x 隶属于 $\boldsymbol{A}$ 的程度很低。

隶属函数的具体确定，确实包含着人脑的加工，其中包含着某种心理过程，心理学的大量实验表明，人的各种感觉所反映出来的心理量与外界刺激的物理量之间保持着相当严格的关系。这些便在客观上对隶属函数进行了某种限定，使得隶属函数是对模糊概念具有客观性的一种度量，不能主观任意地捏造。

2.5.4　评价指标隶属函数的确定

构造 $c_1 \sim c_{14}$ 指标的隶属函数，首先要确定模糊集合为 $\boldsymbol{V}=\{v_A, v_B, v_C, v_D\}$ 分别对应的评价等级是：{Ⅳ级危险，Ⅲ级危险，Ⅱ级危险，Ⅰ级危险}。隶属函数的意义是表明某个指标是属于 $\boldsymbol{V}$ 集合中的某个子集合。每个函数都由自变量、因变量、定义域、函数表达式构成，隶属函数也不例外。隶属函数构成有：

（1）自变量：c_i 表示各个指标的实际数值。

（2）因变量：隶属度 $f_A(c_i)$，$f_B(c_i)$，$f_C(c_i)$，$f_D(c_i)$ 表示各个指标属于模糊子集合 $\boldsymbol{A}$、$\boldsymbol{B}$、$\boldsymbol{C}$、$\boldsymbol{D}$ 的程度。$f_A(c_i)=1$，说明 c_i 是集合 $\boldsymbol{V}$ 的“核心”从属程度最高；$f_B(c_i)=0$，说明 c_i 基本不属于集合 $\boldsymbol{V}$，是最外围。

同时，为了确定隶属函数，还要确定各个指标的升势、降势临界点，确定好定义域后在每一段区间中使用一次函数写隶属函数，在这里设定实际情况数值与隶属度是一次函数的关系。

综上所述，构造形式如下的隶属函数，见式（2－18）。

$$f_A(c_i)=\begin{cases}1 & c_i\leqslant u_1\\ \dfrac{u_2-c_i}{u_2-u_1} & u_1\leqslant c_i\leqslant u_2\\ 0 & c_i\geqslant u_2\end{cases}$$

$$f_B(c_i)=\begin{cases}0 & c_i\leqslant u_1\\ \dfrac{c_i-u_1}{u_2-u_1} & u_1\leqslant c_i\leqslant u_2\\ \dfrac{u_3-c_i}{u_3-u_2} & u_2\leqslant c_i\leqslant u_3\\ 0 & c_i\geqslant u_3\end{cases} \tag{2-18}$$

$$f_C(c_i)=\begin{cases}0 & c_i\leqslant u_2\\ \dfrac{u_3-c_i}{u_3-u_2} & u_2\leqslant c_i\leqslant u_3\\ \dfrac{u_4-c_i}{u_4-u_3} & u_3\leqslant c_i\leqslant u_4\\ 0 & c_i\geqslant u_4\end{cases}$$

$$f_D(c_i)=\begin{cases}0 & c_i\leqslant u_3\\ \dfrac{c_i-u_3}{u_4-u_3} & u_3\leqslant c_i\leqslant u_4\\ 1 & c_i\geqslant u_4\end{cases}$$

如果评价指标属于上限效果测定，那么用式（2－19）构造该指标的隶属函数：

$$f_A(c_i)=\begin{cases}1 & c_i\geqslant u_1\\ \dfrac{c_i-u_2}{u_1-u_2} & u_2\leqslant c_i< u_1\\ 0 & c_i< u_2\end{cases}$$

$$f_B(c_i)=\begin{cases}0 & c_i \geqslant u_1\\ \dfrac{u_1-c_i}{u_1-u_2} & u_2 \leqslant c_i < u_1\\ \dfrac{c_i-u_3}{u_2-u_3} & u_3 \leqslant c_i < u_2\\ 0 & c_i < u_3\end{cases} \tag{2-19}$$

$$f_C(c_i)=\begin{cases}0 & c_i \geqslant u_2\\ \dfrac{u_2-c_i}{u_2-u_3} & u_3 \leqslant c_i < u_2\\ \dfrac{c_i-u_4}{u_3-u_4} & u_4 \leqslant c_i < u_3\\ 0 & c_i < u_4\end{cases}$$

$$f_D(c_i)=\begin{cases}0 & c_i \geqslant u_3\\ \dfrac{c_i-u_3}{u_4-u_3} & u_4 \leqslant c_i < u_3\\ 1 & c_i < u_4\end{cases}$$

确定因素集是模糊综合评价的基础，本书确定矿井供水管网机械可靠性评价指标体系第 1 层评价指标 5 个，第 2 层评价指标 14 个，评价集为：**V** = {Ⅳ级危险，Ⅲ级危险，Ⅱ级危险，Ⅰ级危险}，相应的分值 {0～49，50～69，70～79，80～100}。要进行综合评价，关键的问题是如何构造评价矩阵 ***R***，即如何确定隶属度，以及如何得出各因素对矿井供水管网机械可靠性影响的重要程度，即权重向量 ***A***。前面已经指出了指标因素的权重向量 ***A***。

矿井供水管网机械可靠性评价中的各项指标的取值由风险隶属度表示，风险隶属度为 0～1 的值，取各指标分级界定值对应 {Ⅳ级危险，Ⅲ级危险，Ⅱ级危险，Ⅰ级危险}，其他值的风险性介于上述风险之间。

矿井供水管网机械可靠性评价指标包括定性指标和定量指标。对于定性指标，对照国家标准给出了具体的分数，将其量化，使其转换为定量指标。对于定量指标，可以直接代入数据计算。这样就可以建立所有评价指标的分级隶属函数，得到指标 c_i 的隶属度集合：$\{f_A(c_i), f_B(c_i), f_C(c_i), f_D(c_i)\}$，构造出评价矩阵。

指标等级划分为Ⅰ级危险、Ⅱ级危险、Ⅲ级危险、Ⅳ级危险四个级别。根据大量实际统计数据、现场经验和理论分析，对各项指标确定分级界定标准。其中定性指标的分值标准如表2－12所示。

表2－12　矿井供水管网机械可靠性评价定性指标危害级别分类

类别	Ⅰ级危害	Ⅱ级危害	Ⅲ级危害	Ⅳ级危害
水的pH值	7～8	6～7或8～9	5～6或9～10	小于5或大于10
对应分级界定值	100	90	70	50
管网施工质量	很好	好	不好	很不好
突发事故破坏	轻微影响	稍有影响	中等影响	严重影响
对应分级界定值	80	60	40	20

2.6　评价指标多层次模糊综合评价

2.6.1　二级模糊综合评价

将最底层因素集分为几个子集，记为$\{u_1, u_2, u_3, \cdots, u_i\}$$(i=1, 2, \cdots, 5)$。第二级模糊综合评价是指第一层指标对包含的第二层指标的评价。第二级模糊综合评价：管道属性对其所包含的4个指标的评价；水力因素对其所包含的2个指标的评价；水质因素对其所包含的2个指标的评价；外部对其所包含的2个指标的评价；管理对其所包含的2个指标的评价。所以第二级模糊评价包括5个矩阵相乘的计算。

对于每一个$\boldsymbol{U}_i$按一级模型分别进行综合评价，设因素权重分配为$\boldsymbol{A}_i$。$\boldsymbol{U}_i$的模糊评价矩阵为$\boldsymbol{R}_i$，则得到

$$\boldsymbol{B}_i=\boldsymbol{A}_i\times\boldsymbol{R}_i=(a_1 \quad a_2 \quad \cdots \quad a_m)\times\begin{bmatrix} r_{11} & r_{12} & r_{13} & r_{14} \\ r_{21} & r_{22} & r_{23} & r_{24} \\ \cdots & \cdots & \cdots & \cdots \\ r_{m1} & r_{m2} & r_{m3} & r_{m4} \end{bmatrix} \tag{2-20}$$

$$\boldsymbol{B}_i=\boldsymbol{A}_i\times\boldsymbol{R}_i=(b_{i1}, b_{i2}, b_{i3}, b_{i4})(i=1, 2, \cdots, 5) \tag{2-21}$$

式中，m指上述各子集包含的指标个数。

2.6.2　一级模糊综合评价

第一级模糊综合评价是指第一层指标对第二层指标的评价。通过第一级模糊综合评价可以得到最终的评价结果。将第二级模糊评价求出的 5 个结果组合成一个 5 行 4 列的矩阵 $\boldsymbol{R}$，将管道属性、水力因素、水质因素、外部因素、管理因素的权重组成一个 1 行 5 列的行矩阵，通过公式计算：

$$\boldsymbol{B} = \boldsymbol{A} \times \boldsymbol{R} \tag{2-22}$$

另外，根据表 2-13，即矿井供水管网机械可靠性评价风险分级表确定出分级参数列向量为：$\boldsymbol{L} = \{90, 74.5, 59.5, 24.5\}^{T}$，则分级分数 S 为

$$S = \boldsymbol{B} \times \boldsymbol{L} \tag{2-23}$$

表 2-13　矿井供水管网机械可靠性评价风险分级表

指标等级	分值 S 范围	指标等级	分值 S 范围
Ⅰ级风险（极度危害）	80～100	Ⅲ级风险（中等危害）	50～69
Ⅱ级风险（重度危害）	70～79	Ⅳ级风险（轻度危害）	0～49

此为对矿井供水管网机械可靠性风险分级的模糊综合评价模型，该种模型评价指标选取全面，反映了矿井供水管网机械可靠性的风险程度真实可靠。

2.7　基于模糊综合评价法的矿井防尘供水管网机械可靠性评价

2.7.1　工程实例概况

本节以 A 仓矿供水管网为实例。该矿井防尘管网系统十分复杂，缺少系统的分析评价和科学的优化设计，无法满足井下所有防尘用水点的水量、水压要求。本书在对 A 仓矿主要用水点水量、水压测定分析的基础上，对现有防尘管网进行可靠度分析。A 仓矿供水管网系统简化图如图 2-4 所示，为树状管网，共包含 2 个综采工作面、2 个炮掘工作面、1 个综掘工作面和 4 个开拓工作面，因此管网结构也较复杂。其水源由以下三部分组成：

（1）地面风井水源，位于风井地面，建有两个静压水池，主池容积为 200 m³，进水量 25 m³/h，出水量 20 m³/h；备用水池容积为 50 m³，进水量

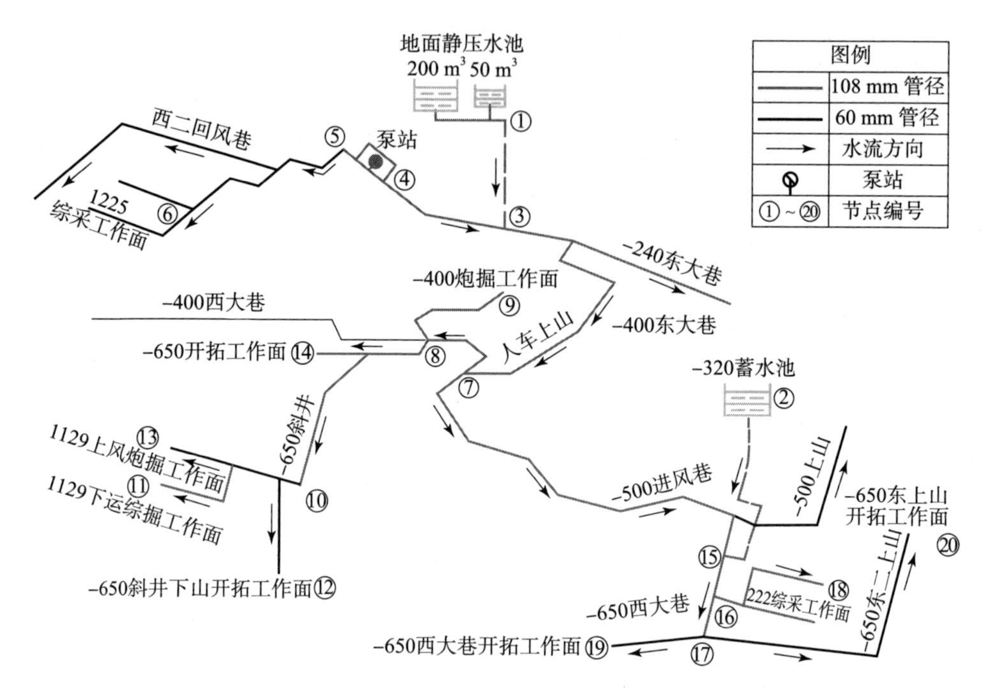

图 2-4 A 仓矿供水管网系统简化图（见彩插）

25 m³/h，出水量 20 m³/h。两池底部连通，相距 30 m。该水源为目前 A 矿防尘供水管网的主水源。

（2）-320 辅助水源，位于 -400 东一轨道，设有一个铁制水池，水池分三格，长 2 m×宽 0.8 m×水高 1 m，水源来自断层、裂隙涌水，水量稳定，供水量 20 m³/h，该水源作为辅助水源。

A 仓矿防尘供水管网系统各水源水质指标如表 2-14 所示。作为防尘供水水源，三处水源都存在悬浮物粒度一项超标问题，应对各水源水质进行净化处理，使各水源出水水质达到悬浮物粒度小于 0.3 mm，从而满足煤矿防尘供水水质要求。

表 2-14 A 仓矿防尘供水管网系统各水源水质指标

地点	悬浮物浓度/(mg·L⁻¹)	悬浮物粒度/mm	pH 值	大肠杆菌指数/(个·L⁻¹)	备注
防尘供水水质要求	≤150	≤0.3	6~9	≤3	
地面风井水源	30	0.8	6.9	1	悬浮物粒度超标
-240 水源	35	0.5	6.9	2	悬浮物粒度超标
-320 辅助水源	35	1	6.9	2	悬浮物粒度超标

A 仓矿供水管网基本数据如表 2－15 所示。

表 2－15　A 仓矿供水管网基本数据调查表

二级指标	调查结果	二级指标	调查结果
管材	钢管使用率 98%	悬浮物粒度	0.8 mm
管径	73mm	水的 pH 值	6.9
服役年限	20 年	水的硬度	3 mmol/L
接口形式	95%	管网施工质量	好
水压	2.2 MPa	突发事故破坏	稍有影响
流速	1.1m/s	维护投入	6%
悬浮物含量	35 mg/L	检修力度	3 天

2.7.2　基于模糊综合评价法的机械可靠性评价

1. 各指标隶属度

管材中钢管使用率越高管网的可靠性就越高，属于上限效果测定。该指标的分级隶属函数用式（2－19）表示。其中 $u_1=95\%$，$u_2=80\%$，$u_3=70\%$，$u_4=50\%$，本例中 $c_1=98\%$，代入式（2－19）中可得 $f_A(c_1)=1$，$f_B(c_1)=0$，$f_C(c_1)=0$，$f_D(c_1)=0$，得隶属集为｛1，0，0，0｝。

其他定量指标的隶属函数确定方法同理。其中，服役年限、水压、悬浮物含量、悬浮物粒度、水的硬度、检修力度属于下限效果测定，适用于式（2－18）；管径、接口形式、流速、维护投入属于上限效果测定适用于式（2－19）。管径隶属集为｛0，0，0.32，0.68｝，服役年限隶属集为｛0.8，0.2，0，0｝，接口形式隶属集为｛1，0，0，0｝。由此得评价矩阵：

$$
\boldsymbol{R}_1=\begin{bmatrix} 1 & 0 & 0 & 0 \\ 0 & 0 & 0.32 & 0.68 \\ 0.8 & 0.2 & 0 & 0 \\ 1 & 0 & 0 & 0 \end{bmatrix}
$$

同理，求得其余评价矩阵：

$$
\boldsymbol{R}_2=\begin{bmatrix} 0 & 0 & 0.8 & 0.2 \\ 0 & 0.25 & 0.75 & 0 \end{bmatrix}
$$

$$R_3=\begin{bmatrix}0 & 0.83 & 0.17 & 0\\ 0 & 0 & 0.5 & 0.5\\ 0 & 1 & 0 & 0\\ 0 & 0.83 & 0.17 & 0\end{bmatrix}$$

$$R_4=\begin{bmatrix}0 & 1 & 0 & 0\\ 0 & 1 & 0 & 0\end{bmatrix}$$

$$R_5=\begin{bmatrix}0 & 0.33 & 0.67 & 0\\ 0 & 1 & 0 & 0\end{bmatrix}$$

2. 二级模糊综合评价

2.4.4 节完成矿井供水管网机械可靠性评价各层指标的权重值计算。现以向量形式列出，如下：

（1）准则层因素的权重

$A=\{0.22\quad 0.22\quad 0.41\quad 0.06\quad 0.11\}$。

（2）管道属性因素的权重

$A_1=\{0.28\quad 0.49\quad 0.15\quad 0.07\}$。

（3）水力因素的权重

$A_2=\{0.67\quad 0.33\}$。

（4）水质因素的权重

$A_3=\{0.25\quad 0.25\quad 0.25\quad 0.25\}$。

（5）外部因素的权重

$A_4=\{0.75\quad 0.25\}$。

（6）管理因素的权重

$A_5=\{0.5\quad 0.5\}$。

二级指标模糊综合评价：

$$B_1=A_1\times R_1=(a_1\quad a_2\quad a_3\quad a_4)\times\begin{bmatrix}r_{11} & r_{12} & r_{13} & r_{14}\\ r_{21} & r_{22} & r_{23} & r_{24}\\ r_{31} & r_{32} & r_{33} & r_{34}\\ r_{41} & r_{42} & r_{43} & r_{44}\end{bmatrix}$$

$$=(0.28\quad 0.49\quad 0.15\quad 0.07)\times\begin{bmatrix}1 & 0 & 0 & 0\\ 0 & 0 & 0.32 & 0.68\\ 0.8 & 0.2 & 0 & 0\\ 1 & 0 & 0 & 0\end{bmatrix}$$

$$= (0.4 \quad 0.03 \quad 0.16 \quad 0.05)$$

同理求得

$$\boldsymbol{B}_2 = (0 \quad 0.09 \quad 0.78 \quad 0.13)$$

$$\boldsymbol{B}_3 = (0 \quad 0.67 \quad 0.21 \quad 0.12)$$

$$\boldsymbol{B}_4 = (0 \quad 1 \quad 0 \quad 0)$$

$$\boldsymbol{B}_5 = (0 \quad 0.66 \quad 0.34 \quad 0)$$

3. 一级模糊综合评价

将二级模糊评价求出的 5 个结果组合成一个 5 行 4 列的矩阵 $\boldsymbol{R}$，则

$$\boldsymbol{R} = \begin{bmatrix} 0.4 & 0.03 & 0.16 & 0.05 \\ 0 & 0.09 & 0.78 & 0.13 \\ 0 & 0.67 & 0.21 & 0.12 \\ 0 & 1 & 0 & 0 \\ 0 & 0.66 & 0.34 & 0 \end{bmatrix}$$

$$\boldsymbol{B} = \boldsymbol{A} \times \boldsymbol{R} = (0.22 \quad 0.22 \quad 0.41 \quad 0.06 \quad 0.11) \times \begin{bmatrix} 0.4 & 0.03 & 0.16 & 0.05 \\ 0 & 0.09 & 0.78 & 0.13 \\ 0 & 0.67 & 0.21 & 0.12 \\ 0 & 1 & 0 & 0 \\ 0 & 0.66 & 0.34 & 0 \end{bmatrix}$$

$$= (0.09 \quad 0.43 \quad 0.33 \quad 0.09)$$

得到评判向量 $\boldsymbol{B}$ 后结合矿井供水管网机械可靠性评价区间划分，得出评价结果。

$$S = \boldsymbol{B} \times \boldsymbol{L} = (0.09 \quad 0.43 \quad 0.33 \quad 0.09) \times (90 \quad 74.5 \quad 59.5 \quad 24.5)^{\mathrm{T}} = 62$$

对照表 2－13，此矿井供水管网可靠性等级为Ⅲ级风险（中等危害）。

2.8　基于未确知测度理论的矿井防尘供水管网可靠度预测

上节已经采用了常见的模糊评价法来评价矿井防尘供水管网可靠度，本节采取未确知理论来进行矿井防尘供水管网可靠度的预测。

2.8.1 未确知测度理论

未确知测度理论属于未确知数学的范畴，将定性指标和定量指标进行融合，该理论可适用于矿井防尘供水管网安全可靠性预测中。未确知测度理论主要包括单指标未确定测度及其矩阵、未确知测度函数、指标权重系数、多指标未确知测度、置信度识别准则等。

设评价对象 $\boldsymbol{X}$ 有 m 个，用 X_1，X_2，…，X_m 表示，则评价对象空间 $\boldsymbol{X}=\{X_1, X_2, \cdots, X_m\}$，每个评价对象 X_i（$i=1, 2, 3, \cdots, m$）有 n 个单项评价指标，用 I_1，I_2，…，I_n 表示，则评价指标空间 $\boldsymbol{I}_j=\{I_1, I_2, \cdots, I_n\}$。若 x_{ij}表示第 i 个评价对象，X_i（$i=1, 2, 3, \cdots, m$）关于第 j 个评价指标 I_j（$j=1, 2, 3, \cdots, n$）的测量值，则 $\boldsymbol{X}_i=\{x_{i1}, x_{i2}, x_{i3}, \cdots, x_{in}\}$；若 x_{ij}有 p 个评价等级 C_1，C_2，…，C_p，用 $\boldsymbol{U}$ 表示评价空间，则 $\boldsymbol{U}=\{C_1, C_2, \cdots, C_p\}$。设第 k 级比 $k+1$ 级安全程度高，记为 $C_k > C_k+1$，若 $C_1 > C_2 > \cdots > C_p$ 或者 $C_1 < C_2 < \cdots < C_p$，则称$\{C_1, C_2, \cdots, C_p\}$是评价空间 $\boldsymbol{U}$ 上的一个有序分割类。

1. 单指标未确知测度及其矩阵

使用国家规定的量名称。若 $u_{ijk}=u$ 为测量值 x_{ij}隶属第 k 个评价等级 C_k 程度，且 u 符合式（2－24）和式（2－25）时，则称 u 是单指标未确知测度，即单指标测度。

$$0 \leqslant u(x_{ij} \in C_k) \leqslant 1 \tag{2-24}$$

$$u(x_{ij} \in \boldsymbol{U}) = 1 \tag{2-25}$$

$$u\left| x_{ij} \in \bigcup_{i=1}^{k} c_1 \right| = \sum_{i=1}^{k} u(x_{ij} \in c_1) \tag{2-26}$$

其中：式（2－24）表示指标测度的非负有界性，式（2－25）表示指标测度在评价空间中的归一性，式中 $i=1, 2, \cdots, m$，$j=1, 2, \cdots, n$，$k=1, 2, \cdots, p$。

某对象 $\boldsymbol{X}_i$的各指标测度值是 u_{ijk}，将各测度值 u_{ijk}构造成的矩阵$(\boldsymbol{u}_{ijk})_{n>p}$称单指标测度矩阵，矩阵如式（2－27）所示，

$$(\boldsymbol{u}_{ijk})_{n>p} = \begin{bmatrix} u_{i11} & u_{i12} & \cdots & u_{i1p} \\ u_{i21} & u_{i22} & \cdots & u_{i2p} \\ \vdots & \vdots & \ddots & \vdots \\ u_{in1} & u_{in2} & \cdots & u_{inp} \end{bmatrix} \tag{2-27}$$

2. 未确知测度函数

为了准确快速地得出未确知测度，需要构造测度函数具体表达式，通过测度函数计算出测度。构造出的测度函数必须遵循“非负有界性”“归一性”“可加性”，否则算出的结果是有误的。经典的构造测度函数的方法有直线法、二次曲线法、指数曲线法等。其中直线法测度函数是目前应用较为广泛、实用、认同的，式（2－28）则是直线型测度函数的表达式。

$$\begin{cases} u_k(x)=\begin{cases}\dfrac{-x}{a_{k+1}-a_k}+\dfrac{a_{k+1}}{a_{k+1}-a_k}, & a_k<x\leqslant a_{k+1}\\ 0, & x>a_{k+1}\end{cases} \\ u_{k+1}(x)=\begin{cases}0, & x\leqslant a_k\\ \dfrac{x}{a_{k+1}-a_k}-\dfrac{a_k}{a_{k+1}-a_k}, & a_k<x\leqslant a_{k+1}\end{cases}\end{cases} \tag{2-28}$$

式中，x 表示指标测量值；$u_k(x)$，$u_{k+1}(x)$ 分别表示测量值 x 属于 C_k、C_{k+1} 状态的测度；a_k、a_{k+1} 分别表示 C_k、C_{k+1} 状态上测量值 x 的中间值。

3. 指标权重系数

若 w_{ij} 为对象 X_i 的评价指标 I_j 与其他指标之间相比较的重要程度，即 w_{ij} 为对象 X_i 的评价指标 I_j 的权重，应符合 $0\leqslant w_{ij}\leqslant 1$。指标权重采用信息熵理论确定，依据式（2－29）和式（2－30）代入已知的指标测度值为 u_{ijk}，即可计算出指标权重 w_{ij}。

$$v_{ij}=1+\frac{1}{\log p}\sum_{j=1}^{n}(u_{ijk}\times \log u_{ijk}) \tag{2-29}$$

$$w_{ij}=v_{ij}/\sum_{j=1}^{n}v_{ij} \tag{2-30}$$

对于某个评价对象，则称 $\boldsymbol{W}_i=\{w_{i1}, w_{i2}, \cdots, w_{in}\}$为评价对象 $\boldsymbol{X}_i$ 的指标权重向量。

4. 多指标未确知测度

设 $u_{ik}=u(u_i\in C_k)$ 为对象 $\boldsymbol{X}_i$ 属于第 k 个评价等级的程度，w_{ij}为对象 X_i 的评价指标 $\boldsymbol{I}_j$ 的权重，满足式（2－22），且符合非负有界性：$0\leqslant u_{ij}\leqslant 1$，归一性：$\sum_{k=1}^{p}u_{ik}=1$，可加性：$u(u_i\in \boldsymbol{U})=\sum_{k=1}^{p}u_{ik}$，则 u_{ik}为评价对象 $\boldsymbol{X}_i$ 多指标未确知测度。称 $\boldsymbol{u}_i=\{u_{i1}, u_{i2}, \cdots, u_{ip}\}$为某对象的多指标未确知测度向量。

$$u_{ik} = \sum_{i=1}^{n} w_{ij} u_{ijk} \tag{2-31}$$

5. 置信度识别准则

若$\{C_1, C_2, \cdots, C_p\}$为评价中间的某个有序分割类，满足$C_1 > C_2 > \cdots > C_p$，则可依据置信度识别准则，设$\lambda$为置信度，通常取值范围为$\lambda \geqslant 0.5$，设

$$k_0 = \min \left| k: \sum_{i=1}^{k} u_i > \lambda, k = 1,2,\cdots,p \right| \tag{2-32}$$

则评价对象$\boldsymbol{X}_i$属于第k_0个评价等级C_{k0}。

2.8.2 求解步骤

求解步骤如下：

（1）构建矿井防尘供水管网可靠性预测指标体系。选取管材、管径、服务年限、接口形式、水压、流速、悬浮物含量、悬浮物粒度、水的 pH 值、水的硬度、施工质量、维护投入、检修力度共 13 个井下供水管网影响因素作为预测指标，构建综合预测指标体系并对其划分等级。

（2）量化对象的各个指标值。通过对评价对象的各项指标进行实测和调研，将矿井供水管网的各项预测指标值进行量化。

（3）建立未确知测度函数。本文选用直线法测度函数，依据表 2－16、表 2－17 中指标分级标准，创建各指标测度函数，如图 2－5 所示。

（4）求指标未确知测度矩阵。根据步骤（2）、步骤（3）结果，求出每个指标未确知测度，组成指标未确知测度矩阵。

（5）依据信息熵理论计算各个指标权重系数。

（6）计算多指标测度向量，计算公式见式（2－31）。

（7）按照置信度识别准则，得出评价结果，选取置信度$\lambda = 0.6$。

表 2－16 矿井防尘供水管网可靠性等级

等级	Ⅰ级	Ⅱ级	Ⅲ级	Ⅳ级	Ⅴ级
安全可靠性	好	较好	一般	较差	差

表 2－17 矿井下防尘供水管网可靠性预测指标值

I_1	I_2	I_3	I_3	I_5	I_6	I_7	I_8	I_9	I_{10}	I_{11}	I_{12}	I_{13}
89	85	8	90	83	79	12.1	0.45	7.8	4.1	4	9.5	7

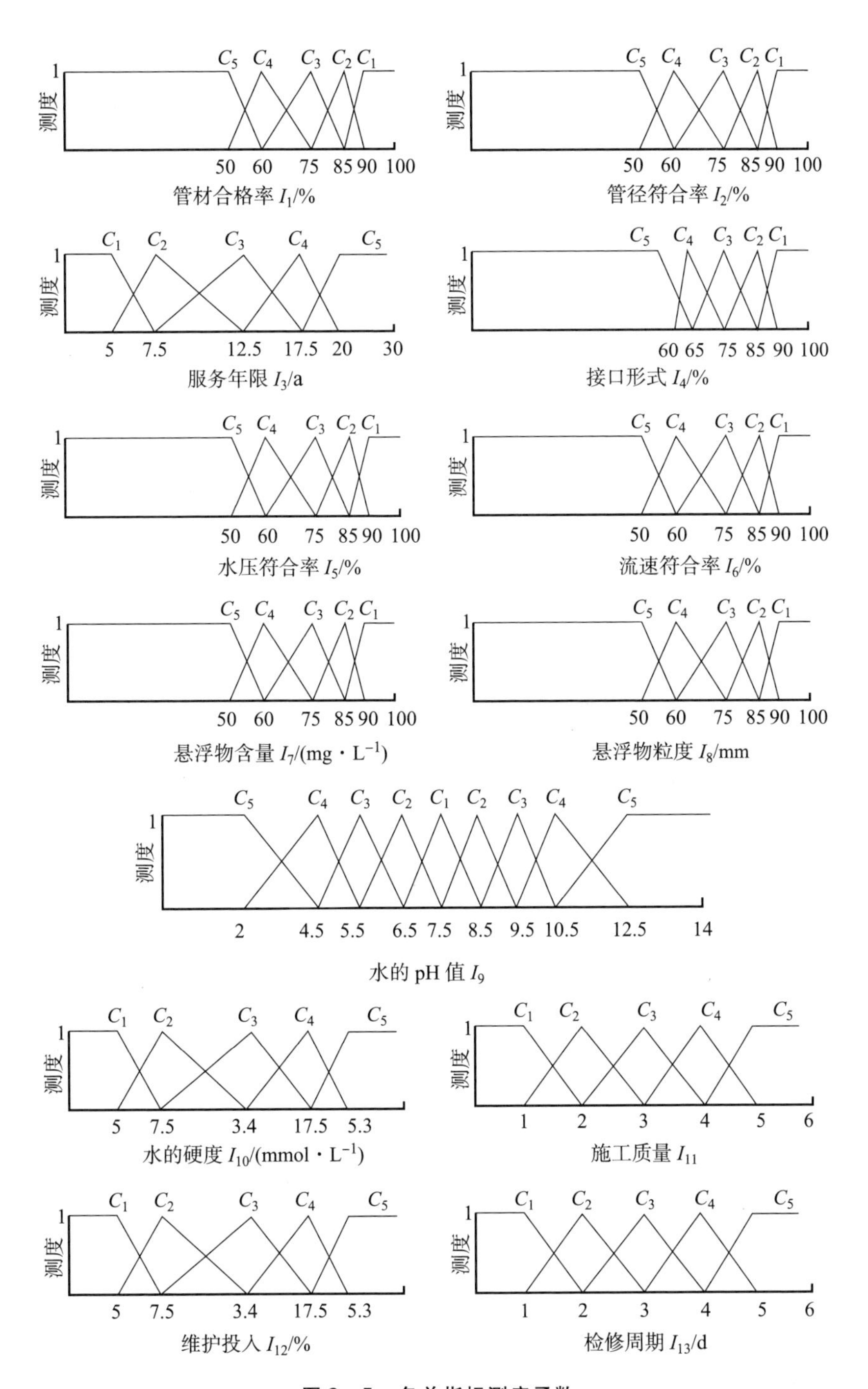

图 2－5　各单指标测度函数

2.8.3 实例应用

通过对某矿井下防尘供水管网的调研，结合矿山提供的相关图纸资料将该矿防尘供水管网各个单项指标值量化。量化指标包括管材合格率 I_1(%)、管径符合率 I_2(%)、服务年限 I_3(a)、接口形式 I_4(%)、水压符合率 I_5(%)、流速符合率 I_6(%)、悬浮物含量 I_7(mg/L)、悬浮物粒度 I_8(mm)、水的 pH 值 I_9、水的硬度 I_{10}(mmol/L)、施工质量 I_{11}、维护投入 I_{12}(%)、检修周期 I_{13}(d)，指标汇总如表 2－18 所示，可靠性等级如表 2－16 所示，预测指标值如表 2－17 所示。

表 2－18　矿井防尘供水管网可靠性指标体系及等级标准

一级指标	二级指标	三级指标	Ⅰ级	Ⅱ级	Ⅲ级	Ⅳ级	Ⅴ级
矿井防尘供水管网评价指标体系	管道属性	管材合格率 I_1/%	>90	90~80	80~70	70~50	<50
		管径符合率 I_2/%	>90	90~80	80~70	70~50	<50
		服务年限 I_3/a	<5	5~10	10~15	15~20	>20
		接口形式 I_4/%	>90	90~80	80~70	70~60	<60
	水力因素	水压符合率 I_5/%	>90	90~80	80~70	70~60	<50
		流速符合率 I_6/%	>90	90~80	80~70	70~60	<50
	水质因素	悬浮物含量 I_7/($mg \cdot L^{-1}$)	<10	10~30	30~60	60~100	>100
		悬浮物粒度 I_8/mm	<0.1	0.1~0.3	0.3~0.6	0.6~1.0	>1.0
		水的 pH 值 I_9	7~8	6~7 或 8~9	5~6 或 9~10	4~5 或 10~11	0~4 或 11~14
		水的硬度 I_{10}/($mmol \cdot L^{-1}$)	<1.4	1.4~2.8	2.8~4.0	4.0~5.3	>5.3
	外部因素	施工质量 I_{11}	好	较好	一般	较差	差
		维护投入 I_{12}/%	>10	10~8	8~5	5~2	<2
		检修周期 I_{13}/d	<1	1~3	3~7	7~15	>15

将表 2－16、表 2－17 中该矿防尘供水管网各项指标值分别代入对应的单项指标函数中，计算出单指标未确知测度，应用式（2－27）得到指标未确知测度矩阵如下：

$$
(\boldsymbol{u}_{ijk})_{13<5} = \begin{bmatrix}
0.8 & 0.2 & 0 & 0 & 0 \\
0 & 1.0 & 0 & 0 & 0 \\
0 & 0.9 & 0.1 & 0 & 0 \\
1 & 0 & 0 & 0 & 0 \\
0 & 0.8 & 0.2 & 0 & 0 \\
0 & 0.4 & 0.6 & 0 & 0 \\
0.79 & 0.21 & 0 & 0 & 0 \\
0 & 0 & 1 & 0 & 0 \\
0.7 & 0.3 & 0 & 0 & 0 \\
0 & 0 & 0.44 & 0.56 & 0 \\
0 & 1 & 0 & 0 & 0 \\
0.5 & 0.5 & 0 & 0 & 0 \\
0 & 0 & 0.33 & 0.67 & 0
\end{bmatrix}
$$

应用信息熵理论确定指标权重大小，得出指标权重向量：$\boldsymbol{W} = \{w_1, w_2, w_3, \cdots, w_{13}\} = \{0.070, 0.102, 0.081, 0.102, 0.070, 0.059, 0.069, 0.102, 0.063, 0.059, 0.102, 0.058, 0.062\}$。

将各指标测度、权重分别代入式（2－31），算出多指标未确知测度向量：

$\boldsymbol{U} = \{u_1, u_2, u_3, u_3, u_5\} = \{0.2863, 0.4337, 0.2059, 0.0742, 0\}$。

最后按照置信度识别准则，选取置信度 $\lambda = 0.6$，依据式（2－32），从小到大：$u_1 + u_2 = 0.72 > \lambda$，得出 $k_0 = 2$，判定等级为Ⅱ级：或从大到小：$u_5 + u_4 + u_3 + u_2 = 0.7137 > \lambda$，也得 $k_0 = 2$，判定等级为Ⅱ级，结果也一样。所以，该矿井防尘供水管网安全可靠性较好，等级为Ⅱ级。

第 3 章　矿井防尘供水管网水力仿真分析模型研究

矿井防尘供水管网是一个影响因素众多、工况多变、运行控制动态的网络系统。井下存在复杂多变的情况，往往对管网运行状态难以实时监控，通过管网建模实现供水管网水力分析是掌握管网运行工况的最有效的方法。本章依据管网水力计算理论基础，采集供水管网的静态与动态信息，建立管网仿真模型，通过计算机程序设计模块对其进行水力仿真分析，得出各项水力状态参数，为供水日常调度管理与进一步优化设计工作提供参考价值。

3.1 矿井防尘供水管网水力分析理论基础

3.1.1 管网分析计算基础方程

1. 节点方程（连续性方程）

节点方程也称为连续性方程，其物理意义为管网中任一节点上，流入该节点的流量等于该节点流出的流量，从而满足节点流量平衡条件。

$$\sum(\pm q_{ij}) + Q_i = 0 \tag{3-1}$$

式中，Q_i——节点 i 的节点流量，m^3/s；

q_{ij}——与节点 i 和 j 相连接的各管段流量，m^3/s；

i、j——起止节点编号。

2. 压降方程（水头损失方程）

压降方程也称为水头损失方程，表示管段水头损失与其两端节点水压的关系式。水力计算过程中，一般忽略局部水头损失，但是在特殊情况时，局部阻力较大时，可增加摩阻系数或当量长度来估算局部损失。若计算沿程损失，则可建立流量和水头损失的关系，用指数型公式表示。

$$h_{ij} = H_i - H_j = S_{ij}q_{ij}^n \tag{3-2}$$

式中，h_{ij}——管段水头损失，MPa；

H_i、H_j——管段两端节点 i、j 的水压，MPa；

S_{ij}——管段摩阻；

q_{ij}——管段流量，m^3/s；

n——一般取值在 1.852～2。

管网中每根管段均求解其压降方程，所示压降方程数等于管段数。若各管段的 h 和 q 的符号相同，则得

$$h = S\left|q\right|^{n-1}q \tag{3-3}$$

式中，摩阻 S 和指数 n 的值由水头损失公式确定。

3. 回路方程（能量方程）

回路方程实质就是闭合环的能量平衡方程，也称为能量方程。

$$\sum_{l}^{L} h_{ij} - \Delta H_k = 0 \tag{3-4}$$

式中，h_{ij}——基环 t 的所有各管段的水头损失，MPa；

ΔH_k——基环 k 的闭合差或增压和减压装置产生的水压差，MPa。

管网中每个闭合环均有一个能量方程。为了方便统一计算，管段水头损失的正负号可以进行规定，当管段流向与环的方向（顺时针方向）一致时为正，反之为负，即顺时针流向的管段水头损失为正，逆时针方向为负。ΔH_k为环 k 内增压装置和减压装置产生的水压差，在多水源管网中，ΔH_k为两水源的水压差；在单水源管网中，ΔH_k等于零。

3.1.2　管网水头损失计算

1. 沿程水头损失

在任一条管线中，均存在一定的沿程阻力或者局部阻力，必然会产生水头损失，在管网水力计算中需要考虑水头损失。在生产实践当中，人们为了方便计算，经常采用一些常用的管网沿程水头损失的计算公式，可以流量和管径表示的指数公式，通式如下：

$$h = \frac{kq^n l}{d^m} = a \cdot l \cdot q^n = S \cdot q^n \tag{3-5}$$

式中，h——管段水头损失，MPa；

d——管径，m；

q——管段流量，m^3/s；

l——管段长度，m；

k——系数；

m、n——指数；

$S = a \cdot l$——管段摩阻。

常用管段沿程损失的计算有科尔勃洛克 - 怀特（Colebrook-White）公式、海曾 - 威廉（Hazen-Williams）公式、曼宁（Manning）公式、巴甫洛夫斯基公式等，本文在计算管网沿程损失时，主要采用海曾 - 威廉（Hazen-Williams）公式。

海曾 - 威廉（Hazen-Williams）公式适用于较光滑的圆管紊流计算中，管段水头损失的计算公式如下：

$$h = \frac{10.667 q^{1.852} l}{C^{1.852} d^{4.87}} \tag{3-6}$$

式中，d——管径，m；

q——管段流量，m^3/s；

l——管段长度，m；

C——海曾 - 威廉系数。

海曾 - 威廉系数 C 值如表 3 - 1 所示。

表 3 - 1　海曾 - 威廉系数 C 值

水管类型	C 值	水管类型	C 值
玻璃管、塑料管、铜管	145 ~ 150	焊接钢管、新管	110
铁铸管	140	焊接钢管、旧管	95
新管	130	橡胶消防软管	110 ~ 140
旧管	100	混凝土管、石棉水泥管	130 ~ 140
严重锈蚀	90 ~ 100		

2. 局部水头损失

管网中由于其管路结构的复杂性，并且管路中部分位置安装有相关附件，水流通过弯管、三通、四通、阀门或其他附件时，会引起局部水头损失。一般计算公式为 $h = \zeta \frac{v^2}{2g}$，式中 ζ 为局部阻力系数，在实际计算过程中，由于局部水头损失与沿程水头损失相比，其值很小，常常忽略不计，一般当管段长度为直径的 1 000 倍以上，方可对其忽略不计。必要时，将局部水头损失化成当量。

3.2 矿井防尘供水管网水力仿真分析方法

管网水力分析计算是对求解管网基本方程组的过程，即求解同时满足连续性方程和能量方程的流量水压分配方案。在矿井防尘供水管网中流量与水压是最能够反映管网水力特性的两个参量，流量与水压之间关系也是水力特性的基本表征。

将管网结构输入计算的方法一般采用衔接矩阵和回路矩阵，来表征节点在管网中的结构特征。

衔接矩阵可以表示管段的流向，如 j 管段从 i 节点流出，则 $a_{ij}=-1$；如 j 管段流向 i 节点，则 $a_{ij}=1$；如 j 管段不与 i 节点连接，则 $a_{ij}=0$。

衔接矩阵表达形式为

$$\boldsymbol{A}=\begin{bmatrix} a_{11} & a_{12} & \cdots & a_{1j} \\ a_{21} & a_{22} & \cdots & \vdots \\ \vdots & \vdots & \ddots & \vdots \\ a_{i1} & \cdots & \cdots & a_{ij} \end{bmatrix} \tag{3-7}$$

矩阵中元素 a_{ij} 的表达方式为

$$a_{ij}=\begin{cases} -1 \\ 0 \\ 1 \end{cases} \tag{3-8}$$

回路矩阵可以表示每一基环内各管段的有关信息，如 j 管段不在 k 环上，则 $b_{kj}=0$；如 j 管段在 k 环上，水流方向为顺时针，则 $b_{kj}=1$；如 j 管段在 k 环上，水流方向为逆时针，则 $b_{kj}=-1$。

回路矩阵表达形式为

$$\boldsymbol{L}=\begin{bmatrix} b_{11} & b_{12} & \cdots & b_{1j} \\ b_{21} & b_{22} & \cdots & \vdots \\ \vdots & \vdots & \ddots & \vdots \\ b_{k1} & \cdots & \cdots & b_{kj} \end{bmatrix} \tag{3-9}$$

矩阵中元素 b_{kj} 的表达方式为

$$b_{kj}=\begin{cases} -1 \\ 0 \\ 1 \end{cases} \tag{3-10}$$

管网分析计算中，管网基本方程组常用矩阵形式表示，式（3－1）和式（3－4）可以分别写出向量形式：

$$\boldsymbol{A}\boldsymbol{q}+\boldsymbol{Q}=0 \tag{3-11}$$

$$\boldsymbol{L}\boldsymbol{h}=0 \tag{3-12}$$

式中，$\boldsymbol{A}$——衔接矩阵，即为连续性方程的系数矩阵；

$\boldsymbol{L}$——回路矩阵；

$\boldsymbol{q}$——管段流量列向量；

$\boldsymbol{Q}$——节点流量列向量；

$\boldsymbol{h}$——管段水头损失列向量。

式（3－2）写成向量形式：

$$\boldsymbol{h}=\boldsymbol{S}\boldsymbol{q}^{n} \tag{3-13}$$

式中，$\boldsymbol{S}$ 表示摩阻向量，$\boldsymbol{S}=\begin{bmatrix} S_1 & & & 0 \\ & S_2 & & \\ & & \ddots & \\ b_{k1} & & & S_p \end{bmatrix}$。

将 $r=sq^{n-1}$ 代入式（3－3）和式（3－13），得 $h=rq$，

$$\boldsymbol{h}=\boldsymbol{R}\boldsymbol{q} \tag{3-14}$$

设 $c=\dfrac{1}{r}=\dfrac{1}{sq^{n-1}}=\dfrac{q}{n}=\dfrac{1}{H_i-H_j}$，将 c 代入 $h=rq$，可得

$$q=ch=c(H_i-H_j) \tag{3-15}$$

$$\boldsymbol{q}=\boldsymbol{C}\boldsymbol{h} \tag{3-16}$$

式中，$\boldsymbol{C}$ 为对角矩阵。

$$\boldsymbol{C}=\begin{bmatrix} c_1 & & & 0 \\ & c_2 & & \\ & & \ddots & \\ 0 & & & c_p \end{bmatrix}=\begin{bmatrix} \dfrac{1}{s_1q_1^{n-1}} & & & 0 \\ & \dfrac{1}{s_2q_2^{n-1}} & & \\ & & \ddots & \\ 0 & & & \dfrac{1}{s_pq_p^{n-1}} \end{bmatrix} \tag{3-17}$$

用衔接矩阵的转置 $\boldsymbol{A}^{\mathrm{T}}$ 和节点水压向量 $\boldsymbol{H}$ 乘积表示压降方程：

$$\boldsymbol{h}=\boldsymbol{A}^{\mathrm{T}}\boldsymbol{H} \tag{3-18}$$

从中得到，有 $J-1$ 个节点连续性方程，P 个管段压降方程和 L 个能量方程，共计 $L+J-1+p=2P$ 个方程，因而可以解 $2P$ 个未知数。通过已知的节点

水压和各个管段的水力损失，便可以求解其余节点水压。

在水力分析计算中，通常采用迭代方式，根据未知量是水压还是流量，将管网水力分析计算，方法包括：管道方程法、节点方程法、环方程法等。

3.2.1 管段方程法

管段方程法是将管段流量作为未知量，通过结合连续性方程和能量方程，求解流量和水头损失，再通过已知的节点的水压求出各个节点的水压值。

由于管段方程法是将管段流量作为未知量，所以需要将能量方程中自变量转化为流量，可将式（3-14）代入能量方程式（3-12），得到方程组：

$$\begin{cases} \boldsymbol{Aq} + \boldsymbol{Q} = 0 \\ \boldsymbol{LRq} = 0 \end{cases} \tag{3-19}$$

式（3-19）可以合并为

$$\begin{Bmatrix} \boldsymbol{A} \\ \cdots \\ \boldsymbol{LR} \end{Bmatrix} \boldsymbol{q} + \begin{Bmatrix} \boldsymbol{Q} \\ \cdots \\ 0 \end{Bmatrix} = 0 \tag{3-20}$$

式（3-20）为线性方程组，包括 $J-1$ 个节点连续方程，Z 个环的能量方程，可以解得 $J+L-1=p$ 个管段的流量。拟定管段的初始流量是求解迭代的前置条件。在求解过程中，因为生成系数矩阵的方法较为简单，所以要求输入衔接矩阵和回路的矩阵信息。输入相关基础数据后，通过代入求解方程组中，计算各个管段的流量，通过比较前后两次迭代所得的管段流量之差，是否满足设置允许误差范围，经过一定迭代次数后，当求解结果满足误差要求后，即停止迭代计算，根据各管段的流量，计算出各个位置节点处的水头。管段方程法的计算程序流程图如图3-1所示。

3.2.2 节点方程法

节点方程法是将节点水压作为未知量，依据节点集中流量的已知情况，建立独立的方程，通过将管段水头损失代入连续性方程中求解，根据流量与水头损失的关系计算出所有管段流量。节点方程法的核心之处在于根据管段流量求解节点方程，最终计算节点水压，因此，需要将节点方程化解为以节点水压为变量的表达式。

将管段压降方程代入连续性方程中，得

$$\boldsymbol{ACh} + \boldsymbol{Q} = 0 \tag{3-21}$$

将式（3-18）代入式（3-21），得

$$\boldsymbol{AC}\boldsymbol{A}^{\mathrm{T}}\boldsymbol{H} + \boldsymbol{Q} = 0 \tag{3-22}$$

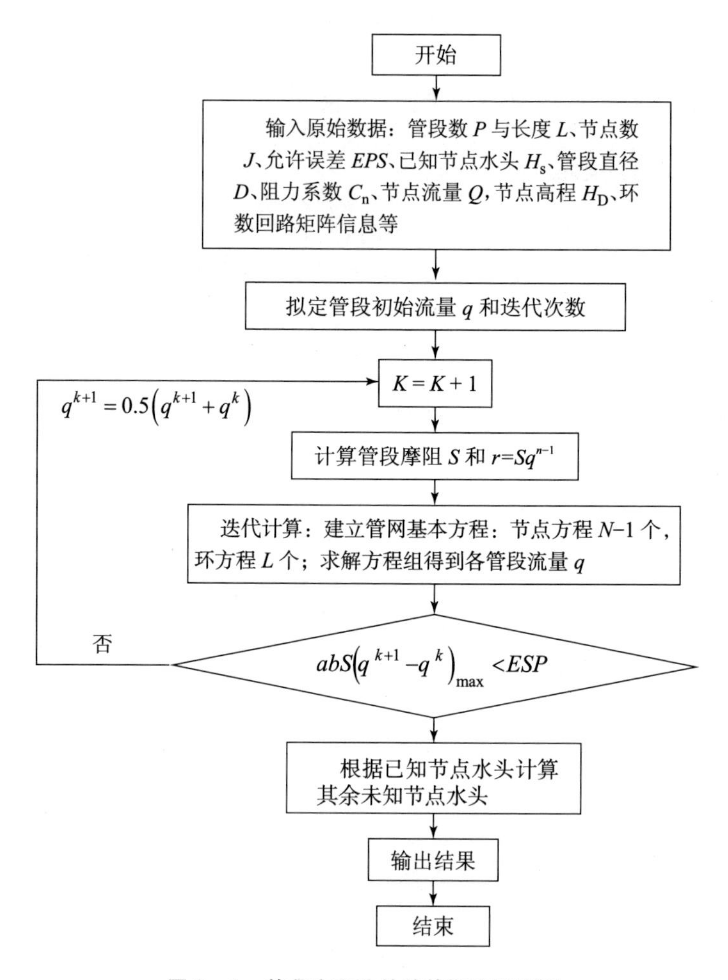

图 3－1　管段方程法的计算程序流程图

式（3－22）求解过程是一个迭代过程，先拟定管段的初始流量，但并不要求初始流量满足连续性方程。根据拟定的初始流量计算管段的 c 值求出各个节点水压，由此得出管段两端节点水压，然后再重新计算各管段流量，并且按照前后迭代所得管段流量的平均值再次计算 c 值，然后计算节点水压，经过多次迭代，直到前后两次迭代求出的流量之差的最大值小于给定的允许误差为止。节点方程法的计算程序流程图如图 3－2 所示。

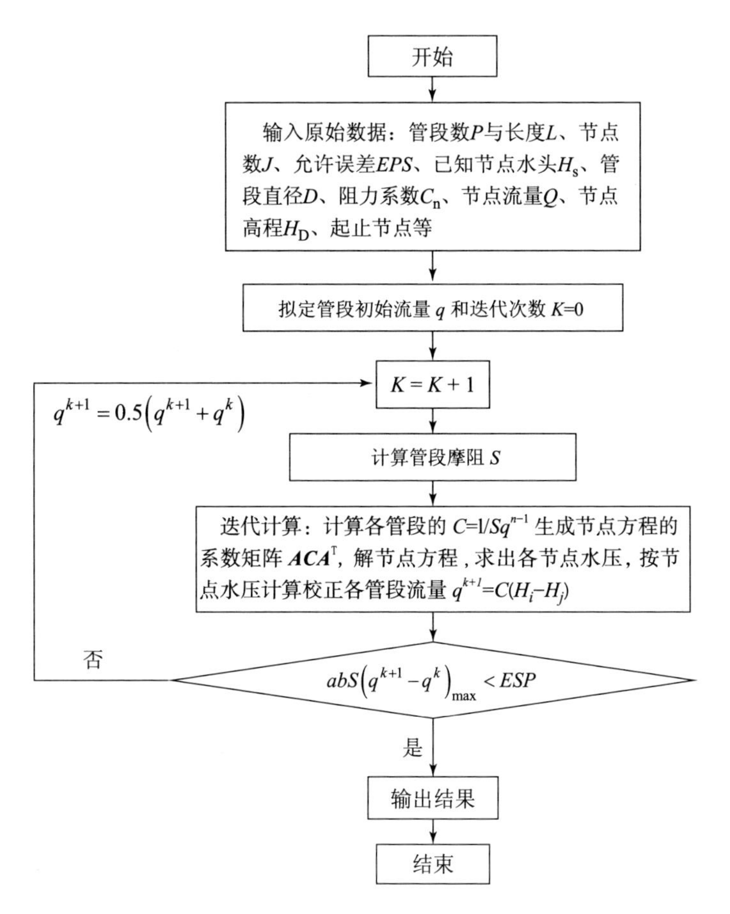

图3-2　节点方程法的计算程序流程图

3.2.3　环方程法

求解环方程法的前提需要满足连续性方程的，通过多次逐渐修正管段流量来减小闭环合差，最终符合能量方程。首先，根据连续性方程并结合管网具体情况拟定初始流量 $q^{(0)}=\{q_1^{(0)},\ q_2^{(0)},\ \cdots,\ q_q^{(0)}\}$，再对各个管段校核能量方程。对于刚开始时，初始流量不能够符合能量方程，即每个环内各管段水头损失总和不为零，$\sum h \neq 0$，称为环闭合差，假定水流顺时针为正，逆时针方向为负，如果闭环合差 $\sum h > 0$，说明顺时针流向的管段流量分配过大，因此需要引进一个逆时针的环校正流量 Δq 进行修正。通过将修正流量代入能量方程，计算环闭合差和环校正流量，不断的进行迭代修正，直至环闭合差小于允许的误差为止。求解环方程法的关键在于：计算环校正流量，拟定管段初始流量，修正管段流量。环方程法计算程序流程图如图 3－3 所示。

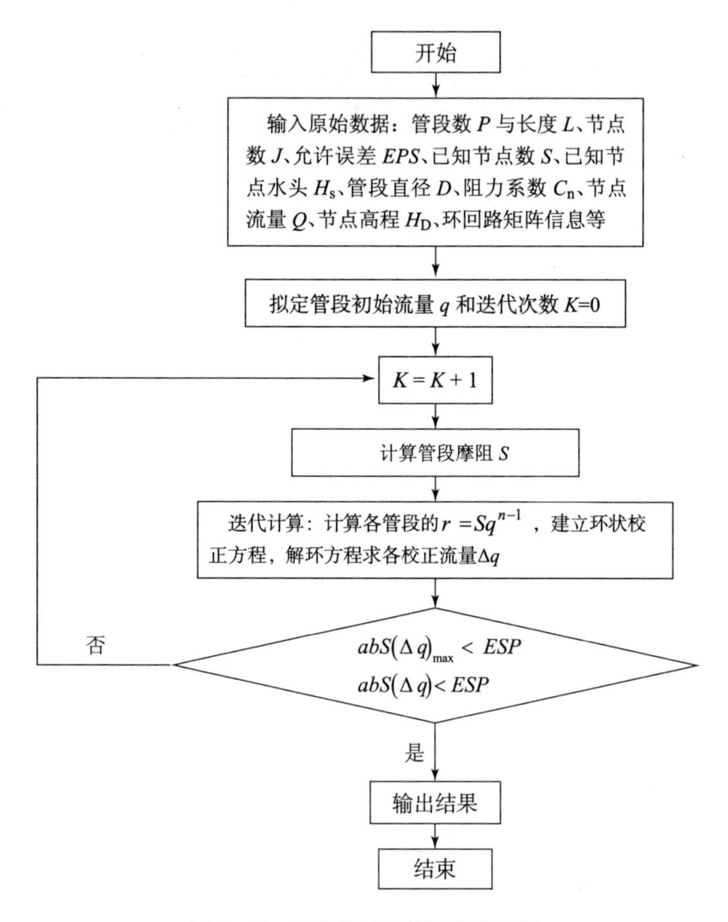

图 3－3　环方程法计算程序流程图

3.3　矿井防尘供水管网水力仿真分析模型建立

为了掌握矿井供水管网内部运行参数情况，需要对具体矿井供水管网建立水力仿真模型。根据现场供水管网实际情况，首先对其做出合理的简化，并收集管网相关信息，建立管网水力仿真分析模型，对其进行运行工况参数仿真分析，同时对模拟结果进行校验，直到满足设置的允许误差为止。

3.3.1　基于混合节点－环方程法的矿井防尘供水管网水力分析模型

根据章节3.2.2节点方程法和3.2.3环方程法，建立基于混合节点－环方程法的矿井防尘供水管网水力分析模型。若某一矿井防尘供水管网中包括连接节点数为 N（除外水源节点），水源总数为 N_F，那么在连接节点 i 和 j 的管段之间满足下式：

$$H_i - H_j = h_{ij} = rQ_{ij}^n + mQ_{ij}^2 \tag{3-23}$$

式中，H——节点水压，m；

h——水头损失，m；

r——阻力系数；

Q——流量，m^3/s；

n——流量指数；

m——局部损失系数。

其中 r 和 n 大小与管段沿程水头损失公式密切相关。若管网中含有水泵，则水泵造成的水头损失（为负值）可以表示为

$$h_{ij} = -\omega^2\{[h_0 - r(Q_{ij}/\omega)^n]\} \tag{3-24}$$

式中，h——水头损失；

ω——相对转速；

r、n——泵曲线系数。

除了需要满足方程（3-18）以外，还必须满足所有节点的流量连续性：

$$\sum_j Q_{ij} - D_i = 0,\ i = 1,\ \cdots,\ N \tag{3-25}$$

式中，D_i——节点 i 的需水量，m^3/s。

梯度法需要对各管段给定一个初始流量，但是不一定需满足流量连续性方程。在计算迭代中，对其求解下面的矩阵方程算出节点水头，矩阵方程如下：

$$\boldsymbol{AH} = \boldsymbol{F} \tag{3-26}$$

式中，$\boldsymbol{A}$——雅克比（Jacobian）矩阵（$N \times N$）；

$\boldsymbol{H}$——未知节点水头向量（$N \times 1$）；

$\boldsymbol{F}$——右侧向量（$N \times 1$）。

对于雅可比矩阵 $\boldsymbol{A}$ 中的元素确定，按照下式计算：

$$\begin{cases} A_{ij} = \sum_j p_{ij}, & \text{对角元素} \\ A_{ij} = -p_{ij}, & \text{非对角元素} \end{cases} \tag{3-27}$$

式中，P_{ij} 表示从节点 i 至节点 j 之间管段的水头损失对流量的一阶导数的导数。

P_{ij}的求解如下：

$$p_{ij}=\frac{\partial h_{ij}}{\partial Q_{ij}}=\begin{cases}\dfrac{1}{nr\ |Q_{ij}|^{n-1}},\text{对于不含水泵的管段}\\ \dfrac{1}{n\omega^2 r\ (Q_{ij}/\omega)^{n-1}},\text{对于含有水泵的管段}\end{cases}\tag{3-28}$$

因此雅可比矩阵 $\boldsymbol{A}$ 写成如下：

$$\boldsymbol{A}=\begin{bmatrix}A_{11} & A_{12} & \cdots & A_{1N}\\ A_{21} & A_{22} & \cdots & A_{2N}\\ \vdots & \vdots & \ddots & \vdots\\ A_{N1} & A_{N2} & \cdots & A_{NN}\end{bmatrix}=\begin{bmatrix}p_{11} & -p_{12} & \cdots & -p_{1N}\\ -p_{21} & p_{21}+p_{22} & \cdots & p_{2N}\\ \vdots & \vdots & \ddots & \vdots\\ -p_{N1} & -P_{N2} & \cdots & \sum\limits_{N} P_{NN}\end{bmatrix}$$

$$=\begin{bmatrix}\dfrac{\partial h_{11}}{\partial Q_{11}} & -\dfrac{\partial h_{12}}{\partial Q_{12}} & \cdots & -\dfrac{\partial h_{1N}}{\partial Q_{1N}}\\ -\dfrac{\partial h_{21}}{\partial Q_{21}} & \dfrac{\partial h_{21}}{\partial Q_{21}}+\dfrac{\partial h_{22}}{\partial Q_{22}} & \cdots & -\dfrac{\partial h_{2N}}{\partial Q_{2N}}\\ \vdots & \vdots & \ddots & \vdots\\ -\dfrac{\partial h_{N1}}{\partial Q_{N1}} & -\dfrac{\partial h_{N2}}{\partial Q_{N2}} & \cdots & \sum\limits_{N}\dfrac{\partial h_{NN}}{\partial Q_{NN}}\end{bmatrix}\tag{3-29}$$

其中未知节点水头向量可表示为

$$\boldsymbol{H}=\begin{bmatrix}H_1\\ H_2\\ \vdots\\ H_N\end{bmatrix}\tag{3-30}$$

右侧向量表示为

$$\boldsymbol{F}=\begin{bmatrix}F_1\\ F_2\\ \vdots\\ F_N\end{bmatrix}\tag{3-31}$$

右侧向量 $\boldsymbol{F}$ 中每一元素由两部分组成，包括节点不平衡流量和管段校正流量。

$$F_i=\left(\sum_j Q_{ij}-D_i\right)+\sum_j y_{ij}+\sum_f p_{ij}H_f\tag{3-32}$$

式中，最后一项可以适用于连接节点 i 与水源 f 之间的管段。对于管段的校正流量 y_{ij} 见下式：

$$y_{ij}=\begin{cases}p_{ij}(r\,|Q_{ij}|^{n}+m\,|Q_{ij}|^{n})\,\mathrm{sgn}(Q_{ij})\text{，不含水泵的管段}\\-p_{ij}\omega^{2}[h_{0}-r(Q_{ij}/\omega)^{n}]\text{，含有水泵的管段}\end{cases}\tag{3-33}$$

符号函数：

$$\mathrm{sgn}(x)=\begin{cases}1,&x>0\\-1,&x\leqslant 0\end{cases}\tag{3-34}$$

将相应的矩阵和向量代入式（3-26）得到矿井防尘供水管网水力分析模型求解矩阵：

$$\begin{bmatrix}\dfrac{\partial h_{11}}{\partial Q_{11}} & -\dfrac{\partial h_{12}}{\partial Q_{12}} & \cdots & -\dfrac{\partial h_{1N}}{\partial Q_{1N}}\\-\dfrac{\partial h_{21}}{\partial Q_{21}} & \dfrac{\partial h_{21}}{\partial Q_{21}}+\dfrac{\partial h_{22}}{\partial Q_{22}} & \cdots & -\dfrac{\partial h_{2N}}{\partial Q_{2N}}\\\vdots & \vdots & \ddots & \vdots\\-\dfrac{\partial h_{N1}}{\partial Q_{N1}} & -\dfrac{\partial h_{N2}}{\partial Q_{N2}} & \cdots & \sum\limits_{N}\dfrac{\partial h_{NN}}{\partial Q_{NN}}\end{bmatrix}\times\begin{bmatrix}H_{1}\\H_{2}\\\vdots\\H_{N}\end{bmatrix}=\begin{bmatrix}F_{1}\\F_{2}\\\vdots\\F_{N}\end{bmatrix}\tag{3-35}$$

求解式（3-29）得到节点水头后，新的管段流量可以通过下式计算：

$$Q_{ij}=Q_{ij}-[y_{ij}-p_{ij}(H_{i}-H_{j})]\tag{3-36}$$

通过式（3-26）和式（3-35）进行求解管段流量，并对每次迭代前后的流量进行比较，当流量之差大于允许误差时，对管段流量重新求解，直到流量差小于设定的误差后，则迭代终止，最终完成水力分析。防尘供水管网混合节点-环方程法计算流程图如图3-4所示。

3.3.2　矿井防尘供水管网水力仿真建模所需信息

矿井防尘供水管网建模分析是利用表达管网信息的数据库和基于理论分析方法的计算机程序一起完成管网计算的过程。建模所需的管网信息数据需要进行归类并对其进行收集，管网建模所需信息包括静态信息和动态信息，其中静态信息指管网中已有的确定不变的静态信息，包括管段、节点、水源、水泵和地理等信息；管网动态信息是指管网中随时间发生变化的信息，包括总供水量、用水点用水量、阀门开停信息和水源运行信息等。

1. 矿井防尘管网静态信息

1）管段信息

管段是供水管网的基本组成单元。一个复杂的供水管网中存在大量的管段，需要记录并存储数量庞大的管段信息。首先，为了对管段做出辨识，需要

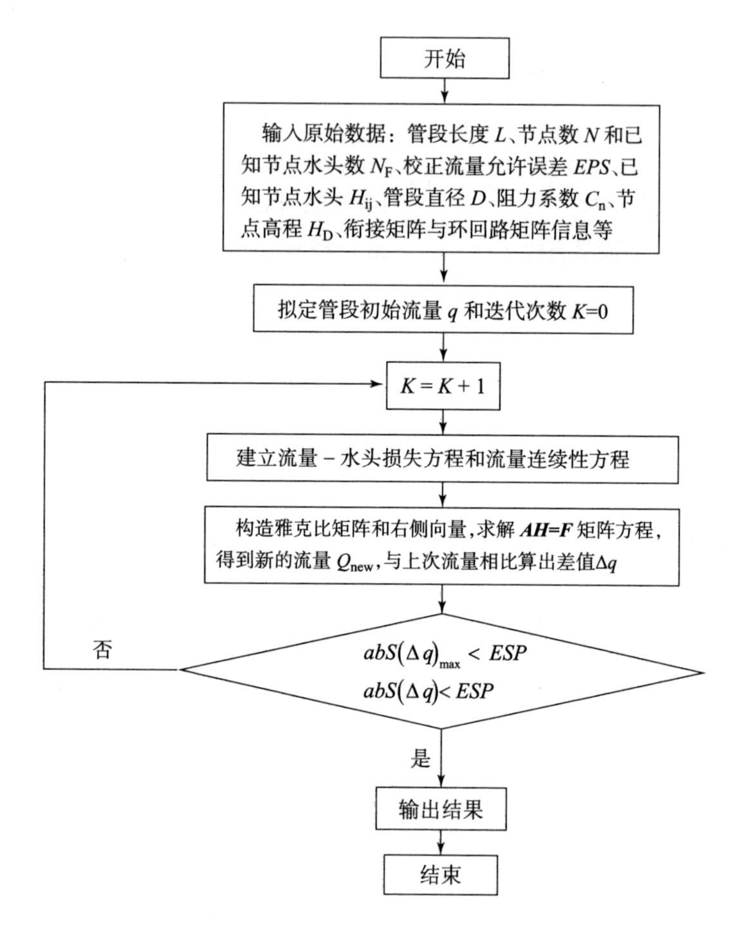

图 3－4　防尘供水管网混合节点－环方程法计算流程图

对管网中所有管段编号，并且将其信息与之对应，管网编号作为管段信息主关键字，必须具有唯一性，不能重复，不可替代。一般管段包含两个节点，除了需要对管道进行编号外，还应记录管段对应的节点编号。管段本身信息包括管长、管径、管材、敷设时间、阻力系数等。

2）节点信息

节点是指管段两端的点，可以是两条或多条管段的交汇点，是组成管网的基本元素。节点大体上可分为水源节点和非水源节点。为了表达节点信息，须要对其进行数字编号，每个节点在管网中均有具体详细的位置信息，在数据库中，为记录其位置信息，要建立坐标系，并且记录其 X、Y 坐标和节点相对标高。

3）水源信息

主要包括水源编号、水源名称、位置坐标、标高、水泵设备相关参数、水池容积、水池最低和最高标高等。

4）水泵信息

在管网中，存在局部或者区域供水水量、水压不足的情况，需要增加安装水泵，对于水泵也需要记录其信息，包括编号、水泵动力参数、水泵特性曲线、水泵位置、安装标高等信息。

5）地理信息

地理信息是作为供水管网参照系统，是建立供水管网必不可缺的信息，包括矿井巷道、卸矿点、工作面、提升运输设备、坐标信息、标高、标注等地理信息。

2. 矿井防尘管网动态信息

1）管网总供水量

这里所指的管网总供水量信息是一个宏观上的动态信息，通过记录总供水量随着年度、季度、月份变化趋势，是为了反映整个供水管网的健康运行的指标。

2）用水点用水量

井下防尘用水点用水量是管网动态信息中最为关键的信息，同时也是难以准确确定的信息，各个用水点用水量可能随着时间在不断的变化，是个动态变化的过程，收集数据误差直接影响模型求解的精确度。

3）阀门开停信息

管网中有些阀门是需要开启的，根据阀门所处位置，部分阀门经常性开启，而部分阀门则是周期性的开启，阀门开停信息是个动态变化的，其实时信息很重要。

4）水源运行信息

水源运行信息主要包括：水泵开停运行方案、水池水位等。在同一天不同时段，水源运行信息可能不同，根据具体作业面所需防尘用水量实际需求进行调整变化。

3.3.3　矿井防尘供水管网水力分析模型准确度的影响因素

矿井防尘供水管网的模型模拟结果与实际情况可能存在一些差距，影响管网模型模拟结果准确度的因素有很多，概况如下：

（1）基础数据的完成性和准确性。资料数据作为管网模拟的工作基石，基础数据的完成性和准确性直接影响着模型的模拟结果。在复杂的管网中，收集基础数据的工作量是非常庞大，需要对其进行分类详细的记录。

（2）管网简化不合理。由于实际管网包括成千上万的管段和节点，同时网络拓扑结构非常复杂，为了对管网进行模拟研究，需要先对其进行适当的简化然后进行模拟计算。在对实际管网进行简化的过程中，需要根据管段和节点所在位置及其水力条件，按照其重要性对其进行简化的取舍，不能盲目主观的简化，影响关键管段的水力条件，从而影响最终的模拟计算结果。

（3）管段阻力系数的模糊性。为了使得模型模拟结果与实际管网尽可能相吻合，管段阻力系数也需要尽可能符合实际。但是，在实际情况中管段阻力系数随着管段管径、管材、铺设时间、已使用时间、内壁腐蚀程度等因素的变化而发生变化，所以导致大量管段的阻力系数很难确定，存在较大的模糊性。

（4）水泵特性参数的影响。在实际情况中，随着水泵的长期运行，水泵的特性曲线与出厂时的存在一定的区别，在模型中常常使用的是原来的特性参数。

（5）管网中阀门开启程度不可量化。在供水管网中存在许多阀门，为了调节某处或者局部水量水压，需要对阀门进行不同程度的开启，然而阀门的开启程度难以进行量化，势必对模拟结果产生影响。

（6）测量仪器或设备造成的误差。任何仪器设备都存在误差，同时还存在人为和随机误差，导致模型数据偏离实际值。

第 4 章　矿井防尘供水管网水力可靠性分析

第 2 章中提到矿井防尘供水管网的可靠性除了机械可靠性之外，还有水力可靠性。当系统无法满足生产所需的水压和水量时，即认为该系统不可靠。而在实际生产过程中，水力不足导致管网可靠性降低的情况时有发生。

本章对矿井防尘供水管网水力可靠性进行分析，提出了水力可靠性的数学模型、求解方法，并进行实例应用。

4.1 矿井供水管网水力可靠性定义

系统可靠性是指在规定的使用状态下，在规定的时间内，完成预定功能的性能。对矿井供水管网系统而言，预定功能是指在正常工作条件下，保证用户需要的水量和水压；在事故情况下，水量和水压不低于规定的限度，在时间上不超过允许减少水量和降低水压的时间。不可靠的供水系统会造成费用的损失，在工程设计中考虑可靠性，可以减少因故障而引起的损失和维修费用；而为提高系统可靠性，必然要付出一定的费用。

当管网系统所要求的可靠性越高，为保证高可靠性所需的投资就越大，但系统的故障率降低，维修费用降低，由于供水不足造成的损失也降低；反之，系统要求的可靠性越低，维修费用以及供水不足引起的损失就越大。因此对供水系统的运行可靠性和建造经济性需要综合考虑，可靠性理论在供水管网优化设计中的应用可以使系统的投资和可靠性得到合理的平衡，在要求的供水可靠性得到保证的前提下，使系统投资最小，找出最优可靠性。

当供水管网中一个或多个节点的需水量或压力水头不能满足该处所要求的最小限值时就称系统发生了故障。水力故障是由一些不确定因素造成的，水力故障发生时将导致系统失效，使得管网系统中一个或多个供水节点不能满足用户对水量、水压的要求，其发生原因包括：

（1）用户对用水量、水压需求增大，超过了系统的供水能力，使管网系统的供水能力不能满足用户的要求。

(2) 由于管道内部结垢等原因，使得管道过水断面减小，造成系统内某些管道的过水能力减小。

(3) 随着管网运行年限的增加，管网供水性能发生变化，供水能力减弱等。

实际机械故障和水力故障难以确切区分，而且两者都不能完整地评价管网系统的可靠度，故需要统一机械故障和水力故障的概念来进行供水系统可靠度的定义，即系统内部节点得到需求水量或水压的概率。换句话说，当系统不能供给指定节点需求水量或最小压力水头，就认为系统发生了故障，其概率被认为是系统的故障率或风险率。

供水系统可靠性的定义具有两个方面内容：第一，在正常工作条件下保证用户所需的水量和水压；第二，在发生事故情况下，管网系统提供的水量和水压不低于规定的限度，而在时间上不超过允许减少水量和降低水压的时间。

对矿井供水管网系统水力可靠性的衡量和定义也从这两个方面着手，在不考虑其他外力条件的情况下，由于管网的漏损、爆管率以及管网中其他组分的故障频率与管网水压具有正相关性，也就是说，降低水压对管网可靠性有利。因此，为提高管网正常工作的概率及减少管网漏损和爆管，在满足节点所需最小水压的情况下应尽可能减小泵站的出水扬程，从而降低管网水压。

4.2　水力可靠性评价模型的建立

4.2.1　水力模拟的约束条件

给水管网水力模拟时必须满足以下约束条件：

1. 水力约束条件

$$H_{Fi} - H_{Ti} = h_i = h_{fi} - h_{pi} \quad i = 1, 2, 3, \cdots, M \tag{4-1}$$

$$\sum_{i \in s_j} (\pm q_i) + Q_j = 0 \quad j = 1, 2, 3, \cdots, N \tag{4-2}$$

此即给水管网恒定流方程组，其中：

$$h_{fi} = \frac{kq_i^n}{D_i^m} l_i \quad i = 1, 2, 3, \cdots, M \tag{4-3}$$

式中，H_{Fi}——管段 i 的起点节点水头（m）；

H_{Ti}——管段 i 的终点节点水头（m）；

h_i——管段 i 的压降（m）；

h_{fi}——管段 i 的沿程水头损失（m）；

h_{pi}——管段 i 上泵站最大时扬程（m）；

q_i——管段 i 的流量（m^3/s）；

Q_j——节点 j 的流量（m^3/s）；

s_j——节点 j 的关联集；

N——管网模型中的节点总数；

$\sum_{i \in s_j}(\pm q_i)$——表示对节点 j 关联集中管段进行有向求和，当管段方向指向该节点时取负号，否则取正号，即管段流量流出节点时取正值，流入节点时取负值；

M——管网模型中的管段总数；

k，n，m——指数公式的参数；

l_i——管段 i 的长度（m）；

D_i——第 i 根管段的管径（m）。

2. 节点水头约束条件

$$H_{\min j} \leqslant H_j \leqslant H_{\max j} \quad j = 1, 2, 3, \cdots, N \tag{4-4}$$

式中，$H_{\min j}$——节点 j 的最小允许水头（m），按用水压力要求不出现负压条件确定：

$$H_{\min j} = \begin{cases} Z_j + H_{uj} & j\text{为有用水节点} \\ Z_j & j\text{为无用水节点} \end{cases} \tag{4-5}$$

式中，Z_j——节点 j 的地面标高（m）；

H_{uj}——节点 j 服务水头（m）

$H_{\max j}$——节点 j 的最大允许水头（m），按储水设施水位或管道最大承压力确定。

$$H_{\max j} = \begin{cases} Z_j + H_{bj} - h_{bj} & j\text{为有储水设施节点} \\ Z_j + P_{\max j} & j\text{为无储水设施节点} \end{cases} \tag{4-6}$$

式中，H_{bj}——水塔或水池高度（m），水池埋深则 H_{bj} 取负值；

h_{bj}——水塔或水池最低水深（m）；

$P_{\max j}$——节点 j 处管道最大承压能力（m）。

3. 供水可靠性和管段设计流量非负约束条件

$$q_i \geqslant q_{\min i} \quad i=1, 2, 3, \cdots, M \tag{4-7}$$

式中，$q_{\min i}$——管段最小允许设计流量，必须为正值。

4. 非负约束条件

$$D_i \geqslant 0 \quad i=1, 2, 3, \cdots, M \tag{4-8}$$

$$h_{pi} \geqslant 0 \quad i=1, 2, 3, \cdots, M \tag{4-9}$$

5. 水泵特性曲线约束

$$h_{\mathrm{p}} = h_{\mathrm{e}} - s_{\mathrm{p}} q_{\mathrm{p}}^{n} \tag{4-10}$$

式中，h_{p}——水泵扬程（m）；

q_{p}——水泵流量（$\mathrm{m^3/s}$）；

h_{e}——水泵虚总扬程（m）；

s_{p}——水泵内阻系数；

n——对应于水头损失计算公式相同的指数。

在确定可靠性指标，分析矿井防尘供水管网水力可靠性之前，先对管网做如下假设：

（1）管网组件只有正常与失效两种状态。供水节点有正常、失效以及介于正常和失效之间三种状态。

（2）管网组件的故障率 λ 和修复时间 T 均为常数，且组件或系统的故障和修复相互独立。

（3）在所有管网组件中，只考虑管段故障对供水管网可靠性的影响，且同一时刻最多仅有一根管段发生故障。

4.2.2 节点可用水量

节点可用水量，定义为管网实际运行中能够提供给用水点的流量，其大小与节点压力有关。供水管网输送给用水点的水量是否能够满足用水点所需水量，是评价一个供水管网系统性能和可靠性的主要标准。因而节点可用水量能够较好地反映一个供水管网系统的服务状态，该研究中选取节点可用水量作为评价管网系统可靠性的一项重要指标。

节点流量与水头之间的关系可用下式表示：

$$H_i = H_i^{\min} + K_i Q_i^{n_i} \Rightarrow Q_i = \left(\frac{H_i - H_i^{\min}}{K_i}\right)^{1/n_i} \tag{4-11}$$

式中，H_i——节点 i 的水压（mH_2O）；

H_i^{min}——节点 i 要求的最小水压，节点压力低于该值时，认为节点流量为 0；

Q_i——节点 i 的流量（L/s 或 m^3/s）；

K_i——节点 i 的阻力系数；

n_i——节点 i 的阻力指数。

从式（4－11）可以看出，管网正常运行中，节点水头由两部分组成，即节点要求的最小水压和为了维持用水点所需水量而另外增加的压力。

管网水力分析以节点处流量作为已知量，在节点取得这些流量的基础上，根据节点方程法或其他方法计算各种管网状态下的节点水压。然而实际情况是：当给水管网中某部分出现故障时，经过平差计算，发现供水水压不能满足用水点水压要求，进而取水点所需要的流量也可能难以满足，即出现供水不足的情况。通过式（4－11），节点需水量和节点所需水压的关系可表示为

$$Q_i^{req} = \left(\frac{H_i^{req} - H_i^{min}}{K_i} \right)^{1/n_i} \tag{4-12}$$

式中，Q_i^{req}——节点 i 的需水量（L/s）；

H_i^{req}——节点 i 所需水压（mH_2O）。

由式（4－11）和式（4－12）可得：

$$\frac{Q_i}{Q_i^{req}} = \left(\frac{H_i - H_i^{min}}{H_i^{req} - H_i^{min}} \right)^{1/n_i} \Rightarrow Q_i = Q_i^{req} \left(\frac{H_i - H_i^{min}}{H_i^{req} - H_i^{min}} \right)^{1/n_i} \tag{4-13}$$

从式（4－11）可知水量与水压之间具有函数关系，因此本书将两者视为同一指标。当水压高于管网能够承受的最大水压时，虽然能够提供充足的水量，但存在隐患，容易导致爆管等事故，此时定义节点失效；当水压高于所需水压且低于允许的最大水压时，水量满足要求；当水压低于所需水压，高于要求的最小水压时，水量部分满足要求；当水压低于要求的最小水压时，节点失效。根据以上说明，节点可用水量可用下式表示：

$$Q_i^{acq} = \begin{cases} 0, & H_i \geqslant H_i^{max} \\ Q_i^{req}, & H_i^{req} \leqslant H_i \leqslant H_i^{max} \\ Q_i, & H_i^{min} < H_i < H_i^{req} \\ 0, & H_i \leqslant H_i^{min} \end{cases} \tag{4-14}$$

式中，H_i^{max}——节点 i 能够承受的最大水压（mH_2O）。

4.2.3 节点水力可靠度

本书用水量的满足程度表示可靠度，定义节点水力可靠度为节点可用水量

和节点需水量的比值，其表达式如下：

$$R_i^j = \frac{Q_i^{\mathrm{acq}}}{Q_i^{\mathrm{req}}} \tag{4-15}$$

式中，R_i^j——管网中第 j 根管段发生故障时，节点 i 的水力可靠度。

根据管网中各用水点的实际水压与管网中对应的各节点的所需水压、允许的最小水压及最大水压值的关系，节点水力可靠度 R_i^j 可表示为

$$R_i^j = \begin{cases} 0, & H_i \geqslant H_i^{\max} \\ 1, & H_i^{\mathrm{req}} \leqslant H_i \leqslant H_i^{\max} \\ \dfrac{Q_i^{\mathrm{acq}}}{Q_i^{\mathrm{req}}}, & H_i^{\min} < H_i < H_i^{\mathrm{req}} \\ 0, & H_i \leqslant H_i^{\min} \end{cases} \tag{4-16}$$

4.2.4　节点概率可靠度

取分析时间为一年（365 日），此时节点的可靠度可以表示为节点从开始到设定时间限制 T 这一时间段内的概率可靠度，记为 R_i。

分析时段内节点的概率可靠度为

$$R_i = 1 - \sum_{j=1}^{m} \left[\frac{(1 - R_i^j)\, T_{\text{修}}^j}{365 \times 24} \cdot n^j \right] \tag{4-17}$$

式中，m——管网管段数；

$T_{\text{修}}^j$——管段 j 的修复时间；

n^j——管段 j 发生故障的次数，其值通过拟蒙特卡罗法抽样确定。

4.2.5　管网可靠度

通过式（4-17）得出的节点概率可靠度仅能反映管网中该节点的概率可靠性，不能反映整个管网的可靠性情况。对于管网系统的可靠性评价，需要在已知节点概率可靠性的基础上求解整个管网系统的可靠度 R，目前常用的方法为

（1）算术平均法。

$$R = \frac{\sum_{i=1}^{n} R_i}{n} \tag{4-18}$$

（2）几何平均法。

$$R = \left[\prod_{i=1}^{n} R_i \right]^{\frac{1}{n}} \tag{4-19}$$

以上两种方法计算管网可靠度，均将各自用水点的节点概率可靠度平均化而进行求解，忽略了各节点用水量大小和用水类型的区别，很难体现各节点对整个管网可靠度的影响情况。因此，对管网中的每个节点 i 给定一个权值系数，其值为该节点所需节点流量占管网总流量的比例。用此权值来反映节点实际供水量不足时，对用户的影响程度。

(3) 加权因子法。

管网可靠度 R：

$$R = \frac{\sum_{i=1}^{n}(Q_i^{req}R_i)}{\sum_{i=1}^{n}Q_i^{req}} \tag{4-20}$$

式中，R——管网水力可靠度；

n——管网节点数；

Q_i^{req}——节点 i 的需水量（L/s）；

R_i——节点 i 的概率可靠度。

R_i和 R 分别从局部和整体两个方面反映了管网的可靠性。

4.3 拟蒙特卡罗法

4.3.1 原理

利用蒙特卡罗法进行仿真模拟计算首先要建立目标模型并描述特征量的概率分布，再通过随机抽样得到各种要估计的参数，最后进行误差分析。而其中随机抽样所使用的伪随机数由于随机性过强而均匀性不足，容易出现空隙和簇，会造成仿真收敛速度慢和结果波动大等问题。

拟蒙特卡罗法是基于蒙特卡罗法的一种改进方法，采用在采样空间分布更加均匀的拟随机数代替蒙特卡罗法中的伪随机数。拟随机数一般由低偏差序列通过某种变换得到。

4.3.2 误差估计和收敛速度

拟蒙特卡罗法计算的收敛速度和结果的准确性主要取决于偏差。偏差用来度量点列在函数域上分布的均匀程度，偏差越小，点列分布越均匀，收敛速度就变快，波动也随之减小，计算准确度就相应地提高。

根据 Kokama-Hlawka 定理，低偏差序列 M 用于蒙特卡罗积分时具有确定的误差上界。因此拟蒙特卡罗法的计算误差可由 Kokama-Hlawka 不等式给出：

$$\left|\frac{1}{N}\sum_{i=1}^{N}f(\xi_i) - \int_{[0,x)^d} f(v)\,\mathrm{d}v\right| \leqslant V(f)D_N^*(M) \tag{4-21}$$

式中，d，N 分别为序列 M 元素的维数和个数；$V(f)$ 为 Hardy-Krause 意义下的有界变分；$D_N^*(M)$ 是星偏差，可用下式定义：

$$D_N^*(M) = \sup_{x\in[0,1)^n}\left|\frac{A_N([0,x),M)}{N} - \prod_{i=1}^{n}x_i\right| \tag{4-22}$$

式中，$A_N([0,x),M)$ 为序列 M 中的 N 个样本在区间 $[0,x)$ 中的个数，具体公式如下：

$$A_N([0,x),M) = \sum_{i=1}^{N}1_{[0,x)}(\xi_i) \tag{4-23}$$

式中，

$$1_{[0,x)}(\xi_i) = \begin{cases}1, & \xi_i\in[0,x)\\ 0, & \xi_i\notin[0,x)\end{cases} \tag{4-24}$$

可见，偏差 $D_N^*(M)$ 越小，样本序列 M 分布越均匀，当 $D_N^*(M)=0$ 时，序列 M 的分布完全均匀。低偏差序列的误差收敛阶为 $O[N^{-1}(\log N)^d]$，而伪随机序列的误差收敛阶为 $O(N^{-1/2})$，可见拟随机序列的收敛速度快于伪随机序列。

4.3.3　低偏差序列

常见的低偏差序列有 Vander Corput 序列、Halton 序列、Faure 序列、Sobol 序列和 Niederreiter 的 (t, s) 序列。

1. Halton 序列

Halton 序列是一多维无穷序列族，它是通过依赖于维数 S 的一个素数作为基础产生的，如维数 $s=l$，则以第一个素数 2 作为基础产生（此时也叫 Vander Corput 序列），如维数 $s=2$，则以第二个素数 3 作为基础产生，以此类推，维数 $s=n$，则以第 n 个素数 2 作为基础产生 Halton 序列。其产生过程如下：

（1）对于任何一个十进制整数 n，可以唯一的分解成与数基 b 有关的下式：

$$n = \sum_{j=0}^{m}a_j b^j \tag{4-25}$$

式中，m 是满足下列条件的最小整数：$0 \leqslant a_j < b^j$，对于 $j > m$ 时，$a_j = 0$，如 $n = 13$，维数 $s = 1$，素数基 $b = 2$，则 $n = 13 = 1 \times 2^3 + 1 \times 2^2 + 0 \times 2^1 + 1 \times 2^0$，因此其 $b = 2$ 二进制数为 1101；

（2）以 b 为数基的数，做反射变换，如本例中的 1101 变为 0.1011；

（3）用十进制表示上一步以 b 为数基的那个数的值，即 $\phi(n) = \sum_{j=0}^{m} a_j b^{-j-1}$，如本例中 0.1011 表示为十进制为

$$\phi(11) = (0.1011)_2 = 1 \times 2^{-1} + 0 \times 2^{-2} + 1 \times 2^{-3} + 1 \times 2^{-4} = \left(\frac{11}{16}\right)_{10} = 0.687\,5。$$

Halton 序列最主要的缺点就是随着维数 s 的增加而退化，随着 s 的变大，要均匀填充这个 s 维的超立方体就变得越来越困难，因为要产生的 Halton 序列维数越高，那么作为基的素数就越大，产生 Halton 序列时的循环路径就越长。因此 Halton 序列超过 14 位就开始变得不均匀，实际应用中我们一般避免用超过 6 或 8 维的 Halton 序列。

2. Faure 序列

Faure 序列的产生方法如下：

（1）产生一个随机数 n，$n = 0，1，2\cdots$；

（2）设 b 为一个素数，$b \geqslant 2$，s 为维数，集合 $\boldsymbol{Z}_b = \{0, 1, \cdots, b-1\}$。将 n 表示成以 b 为底的展开式，$n = \sum_{r=0}^{m-1} a_r b^r$，$a_r \in \boldsymbol{Z}_b$，记 $\boldsymbol{a} = (a_0, a_1, \cdots, a_{m-1})^{\mathrm{T}}$。

设 $\boldsymbol{C}_1$，$\boldsymbol{C}_2$，$\cdots$，$\boldsymbol{C}_s$是 $m \times m$ 阶矩阵，其中 $\boldsymbol{C}_1$ 是 m 阶单位矩阵，

$$\boldsymbol{C}_2 = \begin{vmatrix} 0 & 0 & \cdots & 0 & 1 \\ 0 & 0 & \cdots & 1 & 0 \\ \vdots & \vdots & \ddots & \vdots & \vdots \\ 0 & 1 & \cdots & 0 & 0 \\ 1 & 0 & \cdots & 0 & 0 \end{vmatrix},\ \boldsymbol{C}_3 = \begin{vmatrix} \binom{0}{0} & \binom{1}{0} & \cdots & \binom{m-1}{0} \\ 0 & \binom{1}{1} & \cdots & \binom{m-1}{1} \\ \vdots & \vdots & \ddots & \vdots \\ 0 & 0 & \cdots & \binom{m-1}{m-1} \end{vmatrix},\ \cdots, \quad (4-26)$$

$$\boldsymbol{C}_s = \boldsymbol{C}_3^{s-2} \quad (s \geqslant 4)$$

式中，$C_i^j = \dfrac{j!}{i!\ (j-i)!}$，$0 \leqslant j \leqslant m-1$。

Faure 序列 $\{u_n\}$ 的第 i（$1 \leqslant i \leqslant s$）个元素表示为

$$u_n^i = \mathrm{mod}(\boldsymbol{C}_i \cdot \boldsymbol{a},\ b) = (\alpha_1,\ \alpha_2,\ \cdots,\ \alpha_m) \tag{4-27}$$

式中，$\mathrm{mod}(C_i \cdot a,\ b)$ 是矩阵 $\boldsymbol{C}_i \cdot \boldsymbol{a}$ 的模 b 运算。

将 u_n^i 写成十进制：

$$u_n^i = \frac{\alpha_1}{b} + \frac{\alpha_2}{b^2} + \cdots + \frac{\alpha_m}{b^m} \in [0,\ 1) \tag{4-28}$$

得到 s 维 Faure 序列：

$$u_n = (u_n^1,\ u_n^2,\ \cdots,\ u_n^s) \in [0,\ 1)^s \tag{4-29}$$

对于高维的 Faure 序列产生时存在的问题有：维数很高时因为以后各维都是对第一维的重新排列，所以为了能够产生更好的点来更加均匀的填充整个超立方体就需要很长的循环，因而比较耗时，但是它比 Halton 序列要好得多。因为基为 b 第 n 次循环的长度为 b^n-1。例如，如果 $b=4$ 那么前四个循环长度为 3、15、63 和 255。下面我们就举例来说明一下，假如某个问题的维数是 55，那么 Halton 序列的最后一维即 55 维的基就是第 55 个素数 257，然而对于 Faure 序列来说所有维都用的大于 55 的第一个素数 59，显然比 257 要小得多。

Faure 序列的另一缺陷在于随着维数的升高，我们在生成 Faure 序列时所用的基就相对较大，这样就会造成相邻两维数列高度相关。

Faure 序列存在的问题和高维 Halton 序列存在的问题一样，当维数比较高时开始的填充点容易聚集在 0 附近，Faure 提出了解决此问题的方法：去掉 $n=(b^4-1)$ 个点，其中 b 是基。当其他序列也存在这种问题时一般也可以采取这种方法来改善。在使用此方法时因为我们去掉了前 n 个点所以可能会影响到点的均匀分布性。Faure 序列从第 25 维开始高维退化，但是实际上根据实验令人惊奇的是 30 维 Faure 序列比 14 维的 Faure 序列表现要好。

3. Sobol 序列

Sobol 序列是基于一组叫作“直接数”的数 v_i 而构造的。设 m_i 是小于 2^i 的正奇数，则 $v_i = m_i/2^i$。

数 v_i 的生成借助于系数只为 0 或 1 的本原多项式，多项式可表示为

$$f(z) = z^p + c_1 z^{p-1} + \cdots + c_{p-1} z + c_p \tag{4-30}$$

对于 $i > p$，存在递归公式：

$$v_i = c_1 v_{i-1} \oplus c_2 v_{i-2} \oplus \cdots \oplus c_p v_{i-p} \oplus [v_{i-p}/2^p] \tag{4-31}$$

式中，$\oplus$ 为二进制按位异或运算符。

对于任何一个十进制整数 n，可以唯一表示成与数基 $b=2$ 有关的式子

$$n = \sum_{j=1}^{k} a_j 2^{j-1} \tag{4-32}$$

式中，k 是大于等于 $\log_2^n$ 的最小整数，a_j取 0 或 1。

则 Sobol 序列的第 n 个元素通过下式产生：

$$\phi_n = a_1 v_1 \oplus a_2 v_2 \oplus \cdots \oplus a_k v_k \tag{4-33}$$

为了加快序列的产生速度，Antonov 和 Saleev 提出了 Gray code 法，可将式（4－33）修正为

$$\phi_{n+1} = \phi_n \oplus v_i \tag{4-34}$$

式中，i 为满足 $a_j=0$ 的最小的 j。

Sobol 序列的两大优点是分布均匀性好并且生成 Sobol 序列耗时少，文献中指出 Sobol 序列到 260 维并没有出现退化现象。Sobol 序列的每一维都是用不同的简单多项式所生成。由于本节设计的案例中管段较多，序列维数较大，基于 Sobol 序列的优点选用 Sobol 序列进行抽样。

4.3.4 拟蒙特卡罗法求解流程

基于拟蒙特卡罗法的矿井防尘供水管网水力可靠性评价基本步骤为：

（1）确定目标问题。运用 EPANET 管网平差软件建立供水管网模型，通过假定管网中的每根管段发生故障，求解对应于每根管段故障状态下的节点水力可靠度。完成以上工作后，任务变为拟蒙特卡罗法仿真模拟每根管段发生故障的次数，以求得节点的概率可靠度和管网的综合水力可靠度。

（2）确定供水管网各管段的故障强度。管网发生故障次数的分布规律近似于泊松分布。用 x_j表示管段 j 一年内发生故障的次数，则

$$P\{x_j = k\} = \frac{(l\lambda)^k e^{-l\lambda}}{k!},\ k = 0,\ 1,\ 2\cdots \tag{4-35}$$

式中，l——管段 j 的长度，km；

λ——故障率，次/（a · km）。

（3）产生数量足够多的均匀分布的 Sobol 序列，以便后续计算。

（4）进行抽样，根据式（4－35）将 Sobol 序列值转换为故障次数，并求得每个样本节点的概率可靠度和管网水力可靠度，观察结果收敛情况，根据精度要求确定模拟次数 N，稳定值即为最终的节点的概率可靠度和管网水力可靠度。

（5）对 N 个样本值进行统计分析，估计均值、标准差和其他统计特征。

4.4　实例应用一

4.4.1　EPANETH 管网模型建立

EPANETH 软件是美国环保局软件 EPANET 的汉化版本，是一个可以执行有压管网水力和水质特性延时模拟的计算机程序。管网包括管道、节点（管道连接节点）、水泵、阀门和蓄水池（或者水库）等组件。EPANETH 可跟踪延时阶段管道水流、节点压力、水池水位高度以及整个管网中化学物质的浓度。除了模拟延时阶段的化学成分，也可以模拟水力和进行源头跟踪。

在 Windows 环境下，EPANETH 提供了管网输入数据编辑、水力和水质模拟，以及以各种方式显示计算结果的集成环境。结果的表达形式包括管网地图颜色表示、数据表格、时间序列图和等值线图等。

完整和精确的水力模拟是有效水质模拟的先决条件。本书主要使用其水力模拟能力。EPANETH 包含了先进的水力分析引擎，具有以下功能：

（1）对管网规模未加限制；

（2）可利用 Hazen-Williams，Darcy-Weisbach 或 Chezy-Manning 公式计算摩擦水头损失；

（3）包含了弯头、附件等处的局部水头损失计算；

（4）可模拟恒速和变速水泵；

（5）可进行水泵提升能量和成本分析；

（6）可模拟各种类型的阀门，包括遮蔽阀、止回阀、调压阀和流量控制阀；

（7）允许包含各种形状的蓄水池（即直径可以随高度变化）；

（8）考虑节点多需水量类型，每一节点可具有自己的时变模式；

（9）可模拟依赖于压力的流量，例如扩散器（喷头水头）；

（10）系统运行能够基于简单水池水位或者计时器控制，以及基于规则的复杂控制。

利用 EPANETH 模拟配水系统时，通常执行以下步骤：

（1）绘制表示配水系统的管网，或者导入具有管网基本描述的文本文件；

（2）编辑系统对象的属性；

（3）编辑系统运行属性；

（4）选择一组分析选项；

（5）执行水力/水质分析；

（6）显示分析结果。

本节依然用2.7节的实例，EPANETH要求的各参数如下：

1. 节点参数输入

A矿供水管网中各节点的基本参数如表4－1所示。

表4－1　A矿供水管网中各节点的基本参数

节点编号	标高/m	基本需水量/（$m^3 \cdot h^{-1}$）	节点编号	标高/m	基本需水量/（$m^3 \cdot h^{-1}$）
1	8	/	11	－425	12.2
2	－320	/	12	－470	5.6
3	－241	0	13	－410	8.4
4	－240	0	14	－400	5.6
5	－241	0	15	－490	0
6	－258	26.6	16	－527	0
7	－400	0	17	－630	0
8	－400	0	18	－540	26.6
9	－370	8.4	19	－650	5.6
10	－470	0	20	－500	5.6

2. 管段参数输入

A矿供水管网中各管段的基本参数如表4－2所示。

表4－2　A矿供水管网中各管段的基本参数

管段编号	长度/m	直径/mm	故障强度/（$a^{-1} \cdot km^{-1}$）	修复时间/h	管段编号	长度/m	直径/mm	故障强度/（$a^{-1} \cdot km^{-1}$）	修复时间/h
1	240	159	2	12	11	226	108	4	6
2	2 000	159	2	12	12	250	60	8	3
3	400	108	4	6	13	1 200	108	4	6
4	600	108	4	6	14	600	108	4	6
5	600	159	2	12	15	190	108	4	6
6	120	108	4	6	16	430	108	4	6
7	320	108	4	6	17	600	108	4	6
8	296	108	4	6	18	350	60	8	3
9	480	108	4	6	19	1 500	60	8	3
10	326	60	8	3					

运用 EPANETH 建模后的模型如图 4-1 所示。

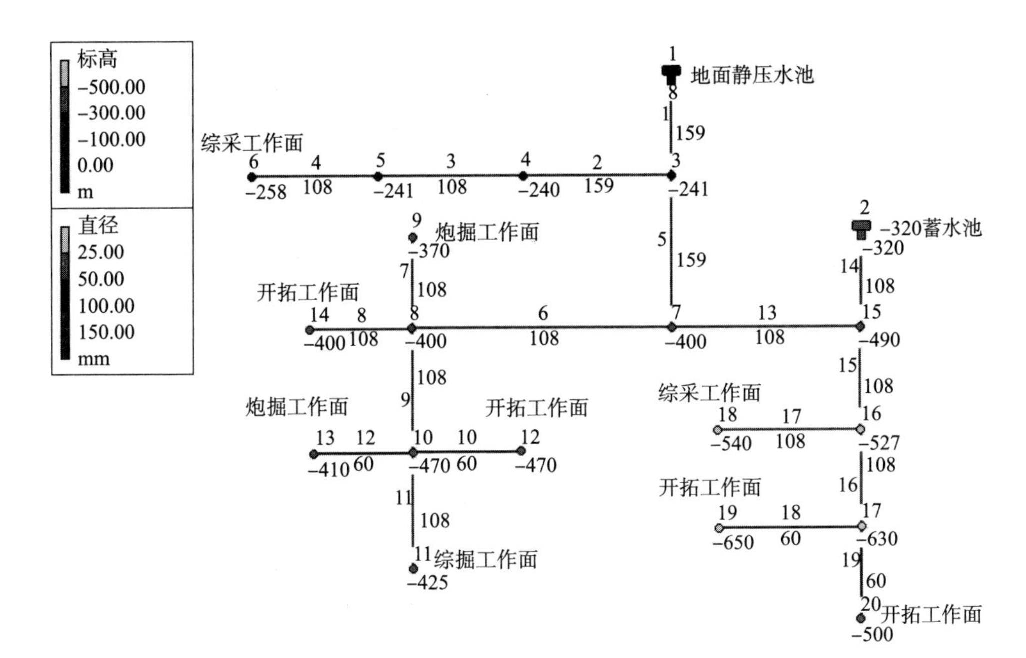

图 4-1　EPANETH 模拟 A 矿供水管网

4.4.2　拟蒙特卡罗法预处理

由于管网中各供水水源点均设有备用设备，假定管网中供水节点的供水可靠度为 1。对管网中各管段发生故障时的供水情况进行水力模拟，获得各管段故障时对应各节点可用水量，如表 4-3 所示，再根据式（4-16）求得各节点水力可靠度，利用此数据对管网中的管段和节点可靠性情况进行水力分析。

（1）将管网中各节点对应于 19 个管段故障状态下的水力可靠度取平均值，如表 4-4 所示，分析各节点的水力可靠性情况如下：

从表 4-4 可以看出，节点水力可靠度均值为 1 的点为水源节点，其余节点的水力可靠性都会因为管段发生故障而受到影响。离水源较远的节点可靠度较低，这是因为远离水源的节点依赖的管段比靠近水源的节点要多。

（2）将管网中各管段发生故障时对应于所有节点的水力可靠度取平均值，求得管网瞬时水力可靠度，如表 4-5 所示。该值反映了管段对管网水力可靠性的影响程度，是定位管网中关键管段的依据。

表 4－3　故障状态下各节点可用水量

节点 故障管段	N_1	N_2	N_3	N_3	N_5	N_6	N_7	N_8	N_9	N_{10}	N_{11}	N_{12}	N_{13}	N_{14}	N_{15}	N_{16}	N_{17}	N_{18}	N_{19}	N_{20}
P_1	100	20	0	0	0	0	0	0	0	0	0	0	0	0	37.8	37.8	0	0	0	0
P_2	100	20	104.6	0	0	0	78	40.2	8.4	26.2	12.2	5.6	8.4	5.6	37.8	37.8	11.2	26.6	5.6	5.6
P_3	100	20	104.6	26.6	0	0	78	40.2	8.4	26.2	12.2	5.6	8.4	5.6	37.8	37.8	11.2	26.6	5.6	5.6
P_4	100	20	104.6	26.6	26.6	0	78	40.2	8.4	26.2	12.2	5.6	8.4	5.6	37.8	37.8	11.2	26.6	5.6	5.6
P_5	100	20	104.6	26.6	26.6	26.6	0	0	0	0	0	0	0	0	37.8	37.8	0	0	0	0
P_6	100	20	104.6	26.6	26.6	26.6	78	0	0	0	0	0	0	0	37.8	37.8	11.2	26.6	5.6	5.6
P_7	100	20	104.6	26.6	26.6	26.6	78	40.2	0	26.2	12.2	5.6	8.4	5.6	37.8	37.8	11.2	26.6	5.6	5.6
P_8	100	20	104.6	26.6	26.6	26.6	78	40.2	8.4	26.2	12.2	5.6	8.4	0	37.8	37.8	11.2	26.6	5.6	5.6
P_9	100	20	104.6	26.6	26.6	26.6	78	40.2	8.4	0	0	0	0	5.6	37.8	37.8	11.2	26.6	5.6	5.6
P_{10}	100	20	104.6	26.6	26.6	26.6	78	40.2	8.4	26.2	12.2	0	8.4	5.6	37.8	37.8	11.2	26.6	5.6	5.6
P_{11}	100	20	104.6	26.6	26.6	26.6	78	40.2	8.4	26.2	0	5.6	8.4	5.6	37.8	37.8	11.2	26.6	5.6	5.6
P_{12}	100	20	104.6	26.6	26.6	26.6	78	40.2	8.4	26.2	12.2	5.6	0	5.6	37.8	37.8	11.2	26.6	5.6	5.6
P_{13}	100	20	104.6	26.6	26.6	26.6	78	40.2	8.4	26.2	12.2	5.6	8.4	5.6	37.8	37.8	11.2	21.1	4.4	4.4
P_{14}	100	20	100.0	25.4	25.4	25.4	74.6	38.4	8.0	25.0	11.7	5.4	8.0	5.4	36.1	36.1	10.7	25.4	5.4	5.4
P_{15}	100	20	104.6	26.6	26.6	26.6	78	40.2	8.4	26.2	12.2	5.6	8.4	5.6	37.8	0	0	0	0	0
P_{16}	100	20	104.6	26.6	26.6	26.6	78	40.2	8.4	26.2	12.2	5.6	8.4	5.6	37.8	37.8	0	26.6	0	0
P_{17}	100	20	104.6	26.6	26.6	26.6	78	40.2	8.4	26.2	12.2	5.6	8.4	5.6	37.8	37.8	11.2	0	5.6	5.6
P_{18}	100	20	104.6	26.6	26.6	26.6	78	40.2	8.4	26.2	12.2	5.6	8.4	5.6	37.8	37.8	11.2	26.6	0	5.6
P_{19}	100	20	104.6	26.6	26.6	26.6	78	40.2	8.4	26.2	12.2	5.6	8.4	5.6	37.8	37.8	11.2	26.6	5.6	0

表4-4　故障状态下的节点水力可靠度均值

节点编号	水力可靠度均值	节点编号	水力可靠度均值
1	1	11	0.734 528
2	1	12	0.734 528
3	0.945 054	13	0.734 528
4	0.892 422	14	0.787 159
5	0.839 791	15	0.997 685
6	0.787 159	16	0.945 054
7	0.892 422	17	0.787 159
8	0.839 791	18	0.776 299
9	0.787 159	19	0.723 667
10	0.787 159	20	0.723 667

从表4-5可以看出，管段1对管网中各节点的水力可靠性的影响最大，因为该管段为主水源与管网的连接管段，承担着主要的供水任务。从整体上来看，靠近水源的管段一般对管网的水力可靠性影响较大，远离水源的管段对整个管网的水力可靠性影响较小。

表4-5　故障状态下的管网瞬时水力可靠度

管段编号	管网瞬时水力可靠度	管段编号	管网瞬时水力可靠度
1	0.111 111	11	0.944 444
2	0.833 333	12	0.944 444
3	0.888 889	13	0.965 609
4	0.944 444	14	0.956 023
5	0.333 333	15	0.722 222
6	0.611 111	16	0.833 333
7	0.944 444	17	0.944 444
8	0.944 444	18	0.944 444
9	0.777 778	19	0.944 444
10	0.944 444		

4.4.3　拟蒙特卡罗法求解

在对给水管网中各节点和管段的可靠性进行分析之后，还需总体评价给水管网系统的可靠性，本文采用拟蒙特卡罗抽样法，首先运用Matlab编程生成足够多的 Sobol 序列。

管网中有 19 根管段，因此需要产生 19 组 Sobol 序列，本文采用的 Sobol 序列的本原多项式和直接数如表 4－6 所示。得到的 Sobol 序列中的每个值即为某管段一年内发生 k 次故障的概率 P，根据公式确定管网中每条管段发生故障的次数 k，并求得管网中各节点的概率可靠度，最后得到管网可靠度，此过程通过 Matlab 和 C#编程实现。概率可靠度从概率的角度反映了节点的可靠性情况。表 4－7 所示为某次拟蒙特卡罗抽样计算中各管段发生的故障次数。表 4－8 所示为某次抽样中各节点的概率可靠度。节点权重为该节点需水量占管网总用水量的比例。

表 4－6　Sobol 序列本原多项式和直接数

组别	本原多项式	直接数	组别	本原多项式	直接数
1	x^3+x^2+x+1	1，3，3，1	11	x^2+x+1	1，1，3，3
2	x^3+x^2+x+1	1，3，1，1	12	x^3+x	1，3，5，5
3	x^3+x^2+x+1	1，3，3，3	13	x^2+1	1，3，5，7
4	x^3+x^2+x+1	1，3，5，3	14	x^3+x^2	1，1，5，5
5	x^3+x^2+x	1，3，5，5	15	x^3+x+1	1，3，3，3
6	x^3+x^2+x+1	1，3，3，1	16	x^3+x+1	1，3，5，5
7	x^3+x^2+x	1，3，5，7	17	x^3+x+1	1，3，5，7
8	x^3+x^2+x	1，1，3，5	18	x^3+x+1	1，1，5，7
9	x^2+x	1，1，5，5	19	x^3+1	1，3，5，7
10	x^2+x+1	1，1，5，7			

表 4－7　某次拟蒙特卡罗抽样计算中管段发生的故障次数

管段编号	故障次数/(次 · a^{-1})	管段编号	故障次数/(次 · a^{-1})
1	2	11	23
2	2	12	4
3	2	13	1
4	15	14	0
5	0	15	2
6	4	16	3
7	3	17	3
8	2	18	2
9	0	19	1
10	2		

表4-8　某次抽样中各节点的概率可靠度

节点编号	节点权重	节点概率可靠度
6	0.254 302 1	0.990 411
9	0.080 305 9	0.990 411
11	0.116 634 8	0.987 671
12	0.053 537 3	0.987 671
13	0.080 305 9	0.987 215
14	0.053 537 3	0.987 671
18	0.254 302 1	0.986 301
19	0.053 537 3	0.984 932
20	0.053 537 3	0.985 616

进行1 000次模拟后得到的管网水力可靠度如图4-2所示，其标准差如图4-3所示，部分统计特征结果如表4-9所示。本文取标准差达到0.000 16以下时的结果为管网水力可靠度，根据本例的模拟结果，经过998次模拟后标准差达到0.000 16，此时的管网水力可靠度为0.990 126。

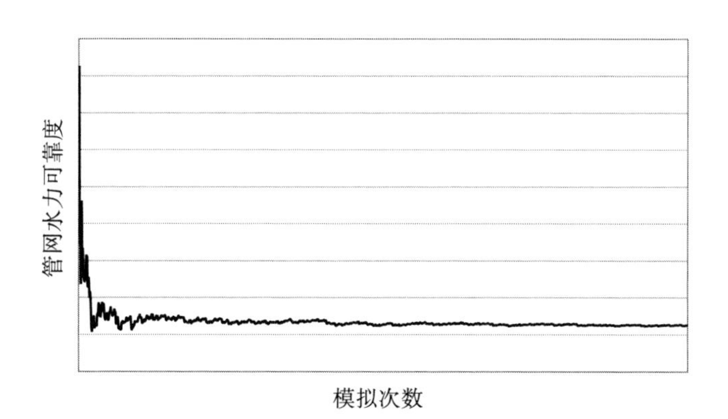

图4-2　拟蒙特卡罗法仿真模拟所得管网水力可靠度结果

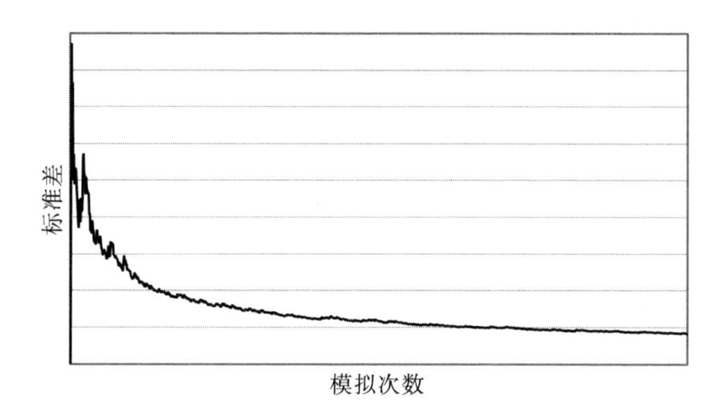

图4-3　拟蒙特卡罗法仿真模拟所得管网水力可靠度标准差

表 4 –9　拟蒙特卡罗法计算结果统计特征

模拟次数	10	50	100	200	400	600	800	1 000
均值	0. 990 720	0. 990 222	0. 990 235	0. 990 191	0. 990 183	0. 990 143	0. 990 140	0. 990 124
标准差	0. 001 029	0. 000 670	0. 000 474	0. 000 346	0. 000 247	0. 000 211	0. 000 184	0. 000 169

4.5　实例应用二

4.5.1　EPANETH 管网模型建立

将评价模型用于 B 矿的供水管网，该管网以 –124 m 处静压水池为主水源。经过简化，管网中共有 20 个节点，19 根管段，B 矿防尘管网原始简化图如图 4 –4 所示。运用 EPANETH 建模后的各参数信息如图 4 –5 所示。管段基本信息如表 4 –10 所示。

表 4 –10　管段基本信息表

管段编号	长度/m	故障强度/($a^{-1}\cdot km^{-1}$)	修复时间/h	管段编号	长度/m	故障强度/($a^{-1}\cdot km^{-1}$)	修复时间/h
1	735	1	24	11	5 560	4	6
2	2 285	2	12	12	345	4	6
3	600	4	6	13	1 025	6	4
4	3 675	4	6	14	300	6	4
5	425	8	3	15	135	4	6
6	1 200	8	3	16	100	8	3
7	300	2	12	17	185	4	6
8	1 415	4	6	18	300	4	6
9	895	2	12	19	1 815	4	6
10	370	2	12				

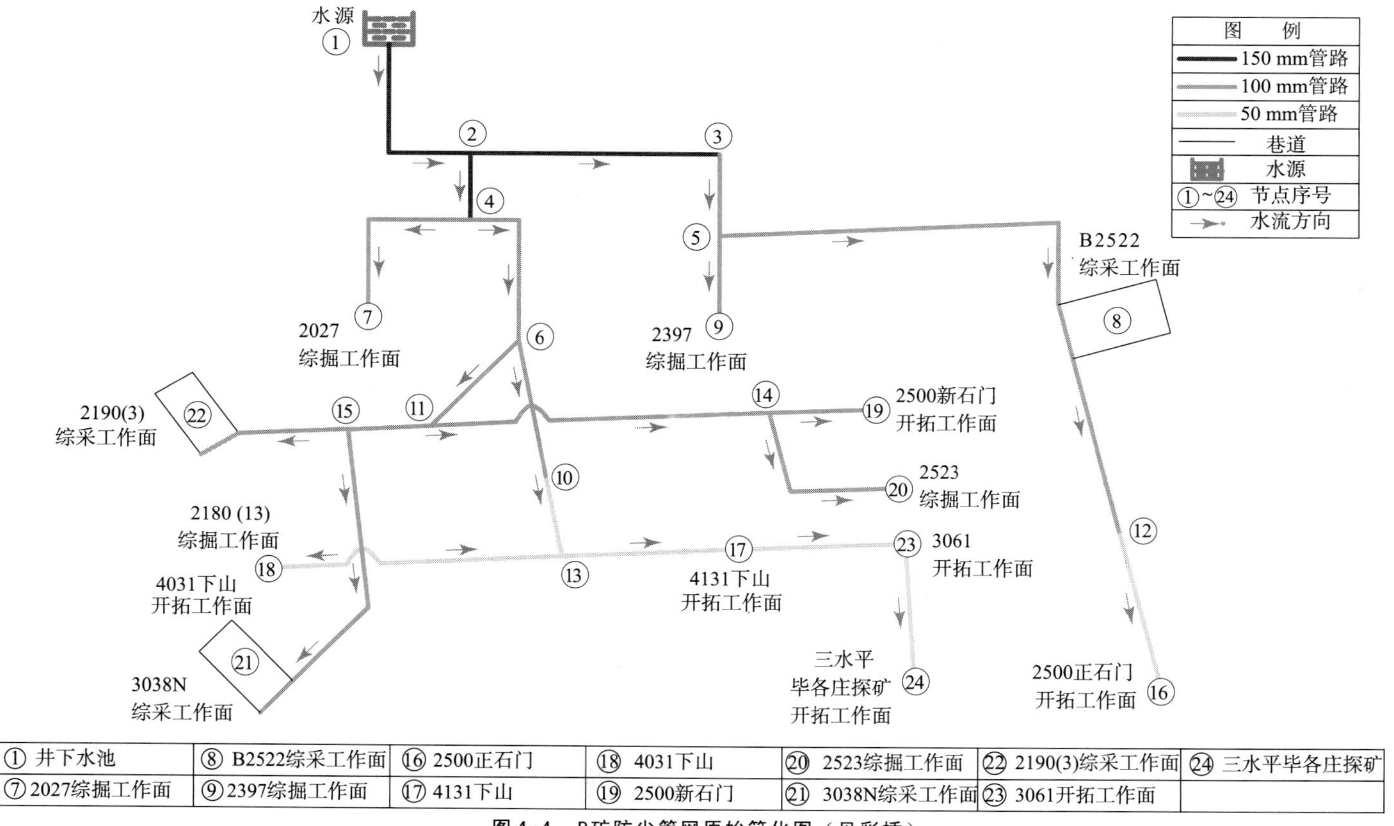

① 井下水池	⑧ B2522综采工作面	⑯ 2500正石门	⑱ 4031下山	⑳ 2523综掘工作面	㉒ 2190(3)综采工作面	㉔ 三水平毕各庄探矿
⑦ 2027综掘工作面	⑨ 2397综掘工作面	⑰ 4131下山	⑲ 2500新石门	㉑ 3038N综采工作面	㉓ 3061开拓工作面	

图4-4 B矿防尘管网原始简化图（见彩插）

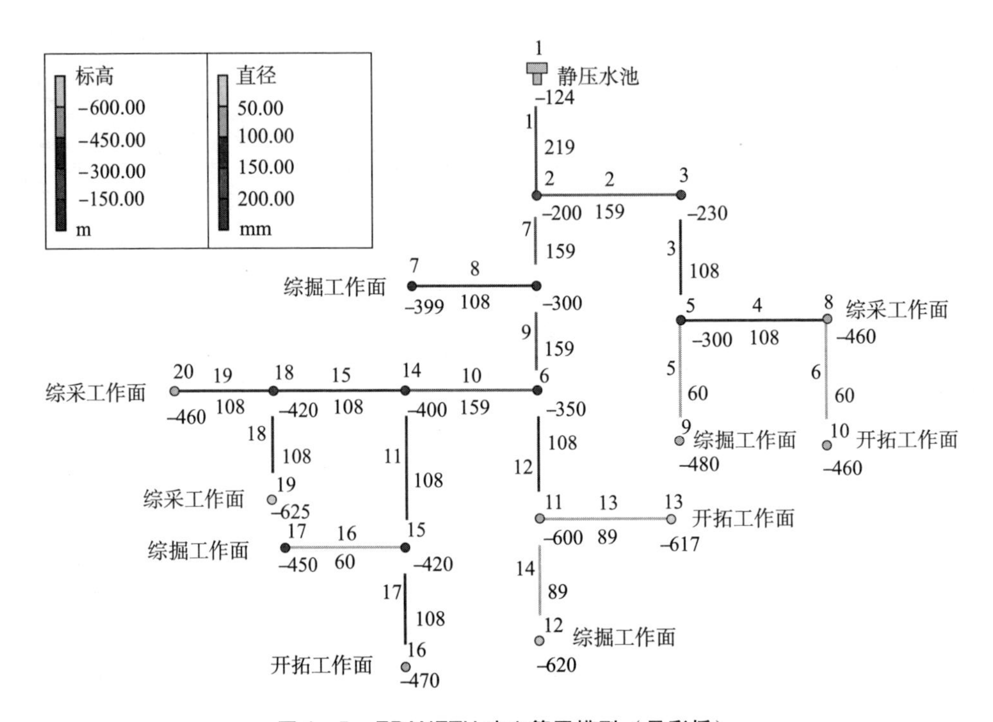

图 4－5　EPANETH 建立管网模型（见彩插）

4.5.2　拟蒙特卡罗法模拟

通过 EPANETH 对管网中各管段发生故障时的供水情况进行仿真模拟，得到各节点的可用水量，代入式（4－16）得到对应各管段故障时的节点可靠度。将管网中各节点对应于 19 根管段故障状态下的节点可靠度取平均值，具体结果如表 4－11 所示。将管网中各管段发生故障时对应于所有节点的可靠度取平均值，求得管网瞬时水力可靠度，结果如表 4－12 所示。该值反映了管段对管网可靠度的影响程度，是定位关键管段的重要依据。

表 4－11　故障时节点水力可靠度均值

节点编号	水力可靠度均值	节点编号	水力可靠度均值
1	1.000 000	6	0.842 105
2	0.947 368	7	0.842 105
3	0.894 737	8	0.789 474
4	0.894 737	9	0.789 474
5	0.842 105	10	0.736 842

续表

节点编号	水力可靠度均值	节点编号	水力可靠度均值
11	0.789 474	16	0.684 211
12	0.736 842	17	0.684 211
13	0.736 842	18	0.736 842
14	0.789 474	19	0.684 211
15	0.736 842	20	0.684 211

表4－12　故障时管网瞬时水力可靠度

管段编号	管网瞬时水力可靠度	管段编号	管网瞬时水力可靠度
1	0.05	11	0.85
2	0.75	12	0.85
3	0.80	13	0.95
4	0.90	14	0.95
5	0.95	15	0.85
6	0.95	16	0.95
7	0.35	17	0.95
8	0.95	18	0.95
9	0.45	19	0.95
10	0.65		

从表4－11可以看出，节点可靠度均值为1的点为水源节点，其余节点的可靠性都会因为管段发生故障而受到影响。离水源较远的节点可靠度较低，这是因为远离水源的节点依赖的管段比靠近水源的节点要多。

从表4－12可以看出，管段1的瞬时可靠度较低，对管网中各节点的可靠性的影响最大，因为该管段为主水源与管网的连接管段，承担着主要的供水任务。从整体上来看，靠近水源的管段一般对管网的可靠性影响较大，远离水源的管段对整个管网的可靠性影响较小。与B矿实际矿井供水管网情况相符。确定节点的可靠度后，采用拟蒙特卡罗法进行抽样，确定管网中每根管段发生故障的次数，并求得各节点的概率可靠度，再以节点需水量占管网总流量的比例为权值，求得整个管网的可靠度。该过程通过Matlab编程实现。模拟后得到的管网可靠度如图4－6所示，其标准差如图4－7所示。本文取标准差达到0.000 2以下时的结果为管网水力可靠度，根据本例的模拟结果，经过997次模拟后标准差达到0.000 2，此时的管网可靠度为0.979 169。

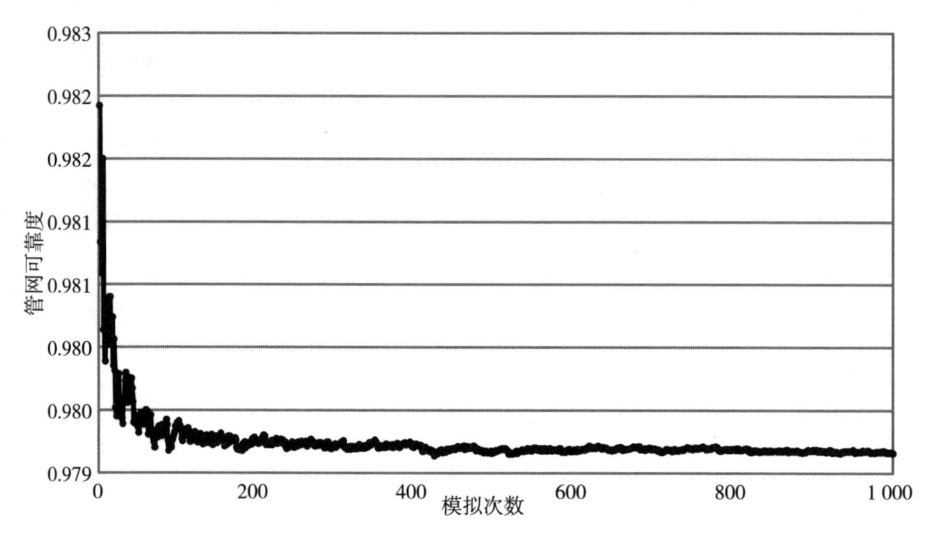

图 4－6　管网可靠度模拟结果

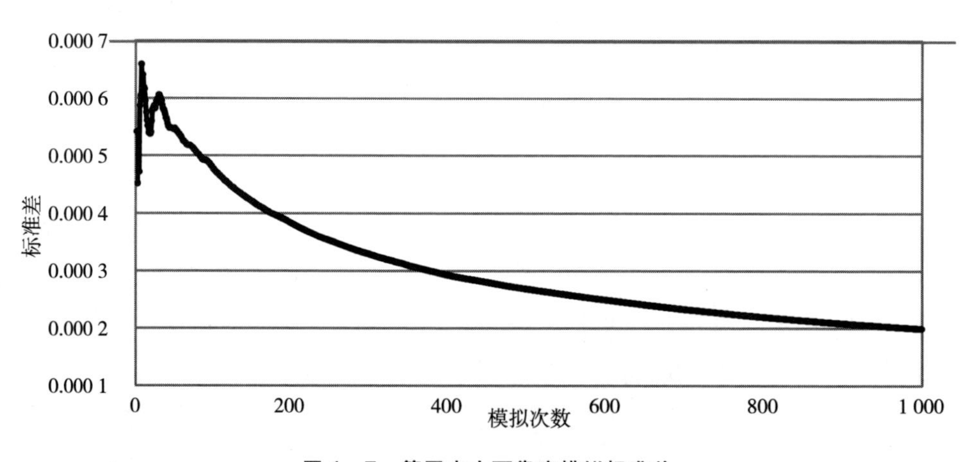

图 4－7　管网水力可靠度模拟标准差

4.6　影响可靠性的原因分析

影响供水管网节点和系统可靠性的因素有很多，结合上述工程实例，就影响供水管网可靠性的主要因素做如下简要分析：

（1）节点可靠性的高低与节点在管网中的位置有关。一般节点离水源点的距离越远，管网中管段发生故障时，供水量就越难以保证，因而可靠度就越低。

（2）管网的拓扑结构也是影响管网可靠性的一个重要因素。合理的拓扑结构，能够使管网中的水通过管段以经济流速到达用水节点，保证了供水的水力可靠性。因而在管网设计和管网改扩建中要统筹考虑管网的可靠性和经济性。

（3）节点可靠度的大小与所连接段的数量和管径有关。一般来说，该节点连接的管段数量越多，管径越大，该节点的可靠度越高。反之，可靠度则较低。

（4）管网中节点和系统的可靠度，与管网中水源点的个数和位置有关。管网中的水源点越多，在管网中的位置分布越均匀，则节点和系统的可靠度也就越高。

（5）节点可靠度的大小与节点用水量和用水模式有关。在求解管网的可靠度时，节点的权重值是根据节点的用水量确定的，因而节点的用水量越大，对管网可靠度的影响也就越大。

（6）管网中节点和系统的可靠度与管段的管材和管网的维护水平有关。不同管径和不同管材的管段具有不同的故障强度。管网维护水平的高低，直接决定着管段发生故障时的修复时间。

第 5 章　矿井防尘供水管网水力可靠性相似实验研究

前述章节已经介绍了矿井防尘供水管网的机械可靠性和水力可靠性。除了评价现有的可靠性，还需要能够根据现有供水压力和用水量的分布规律，预测出未来一段时间里水压和用水量的情况，从而提高管网的可靠性。当需要进行分布规律研究时，会遇到由于工程限制而不能在实地进行测量的情况，这时就可以通过在实验室搭建相似模型来进行研究。相似模型需要满足相应的准则，搭建好的相似模型需要对其进行验证可行后才能进行下一步实验。

本章基于相似理论的基础上，在实验室构建了相似模型管网，进行压力分布实验研究，拟合出需水量与压力的关系式，当需水量增大时可以用来预测压力的变化，以便及时采取相应措施来提高矿井防尘供水管网的可靠性。

5.1　概　述

5.1.1　供水管网物理模型构建理论研究现状

供水管网物理模型构建基本是基于正态相似理论和变态相似理论，然后根据实际情况以及满足一些简化准则，最后建立了物理模型。供水管网的动力主要是压力和重力，因此一般以欧拉相似或重力相似准则为基准。在动力相似的基础上对模型几何进行一定简化，是学者主要研究的问题。

F. Martinez 最早提出“静态压缩（Static Condensation）”的概念，他认为管网简化就是参数的拟合，即先将建立的管网数学模型进行线性化，然后应用 Gauss - Jordan 法对线性模型进行简化。但是这样简化后的管网参数将会发生变化，其节点流量和管段阻力系数以及管网拓扑结构将不同于简化前的原始管网。国内最早 1994 年东南大学的陈森发提出了一种复杂城市供水管网的简化方法，他用最优集结方法简化复杂城市供水管网系统的结构，并用最小二乘法估计简化参数。2001 年，阎砺铭、高胜对油田注水管网系统模型进行了简化，还针对计算方法进行了探讨；同年大庆石油学院的常玉连、高胜对注水干线上的次节点进行集结处理，建立“虚拟”节点；2002 年哈尔滨工业大学的高金良、赵洪宾通过在一个确定的工况点求导来线性化原始管网模型；同年李利、谢春江也提出了管网简化准则和简化的方法。2008 年舒诗湖、赵明等对供水管网的水力和水质模型的校核标准进行了探讨，他们认为校核标准取决于建模的目的，因此用于不同地方的模型所需的标准也不一样，因此要统一管网的技术标准依然需要大量的建模实践。2006 年，黄廷林、王旭冕等根据管流的变态水力相似理论，建立了供水管网原型与试验模型间主要参数的关系表达式，提出了构建供水管网物理模型的方法和步骤。天津大学王晨婉、岳琳等人也对城市供水管网进行了一些简化，并推导出原始管网与试验管网间的流量、压力、流速等物理量表达式，并在实验室建立了物理模型，这是国内供水管网物理模型构建一大进步。Manca Antonio 等人使用平均流量算法用于供水管网优化。

5.1.2 供水管网物理模型试验研究现状

研究人员除了进行理论探讨外，也进行了大量模型实验研究。在许多领域里采用水力模型以解决工程问题已成为公认的标准方法。

从 20 世纪 50 年代末开始，关于水力模型试验的专著和教材在国内出现了。80 年代开始，国外关于水力模拟的大量著作也被国内学者采用，我国左东启编著的《模型试验的理论和方法》一书中详细地介绍了水力试验的方法及其理论基础。在有了著作的理论指导基础上，大量学者针对水力模拟进行了具体的实施工作。首先中国石油大学的研究员通过建立基本的管网模型来研究管网的特点；长江水利委员会的王杨为了研究运河改道对苏州外城运河的水量分配影响，针对苏州外城运河的特点，采用二维变态模拟方法建立了苏州河网的模型，最终确定了最优水量分配方案；虞邦义基于相似理论建立了河工模型，并开发出其相应的自动测控系统，结合真实的实例和各边界条件进行运用。之后各实验室建立的模型的准确性和适用条件是学者们研究的主要问题，他们还提出了针对不同情况建立水力模型的具体参考依据，如谢冠峰和杨志刚进行了信洲水利枢纽工程的深孔闸的断面模型试验，对各种水力现象进行了真实重现，该试验不仅验证了初步设计理论，同时还对初步设计方案进行了修改；华北水利水电学院王振红和河北工程学院张洪清结合上海外高桥电厂附近的河段情况，建立了该河道在径流和潮汐共同作用下的水力模型，对模型进行测点布置，采用自动控制监测系统对测点的数据进行分析，结果显示该模型能够对水力模型设计作指导。

以上研究都是理论研究，并没有建立真实的管网变态物理模型，而且工程实例均是河道。虽然水力模拟中管道内壁的粗糙度和其他流量压力等物理参数产生的偏差在管网的物理模型中也是存在的，但是管网相似模拟还存在其他特点需要进行研究。目前，对管网特点的研究主要是集中在管道组件产生的水头损失和管道中水流特性的问题。早期海河大学的黄细宾研究了有压引水系统非恒定流模型相似比尺的分析与选择，提出了不同条件下相似比尺的选择方案；2005 年，许多关于供水管网物理模型比尺设计的研究成果涌现，如胡明等人推导了水电站或抽水蓄能电站输水系统水力模型的物理量比尺；武汉大学的郑国栋和郑邦民等人基于流体力学基本方程，根据动力相似原则推导出各物理量的变态相似数但是其结果依然存在一定误差，并提出量纲法具有局限性，不能给出物理量的“量”的表征；次年中国石油大学的付静和李兆敏为了合理分配注水油田管网系统的各注水井配注量，使其压力损失最小，在实验室建立了沿程损失水力实验装置，通过改变管径进行多次实验确定最合理管径；同年唐军等人也针对管网的摩擦力阻问题进行了研究，提出了综合摩阻损失模型；由于较多实际工程案例无法遵循正态相似原则，西安建筑科技大学的王旭冕等人推导出了重力、压力和阻力三种动力方式下的管流变态相似理论。近几年，哈尔滨工业大学建立了模拟真实管网的物理模型，主要采用 1 ∶1的比例研究压力与水量的关系等问题。这些研究为设计改造管网，优化运行方案起到了积极的作用；学者们也开始探讨变态模拟的问题，得到了一定的成果。天津大学环境工程学院张宏伟教授课题组在城市供水管网进行了较多研究。其在实验室根据变态相似理论搭建了城市供水管网的物理模型，并在物理模型上进行了模拟供水管网漏损水力实验以及余氯变化的水质实验，其实验结果对供水管网的理论研究提供了指导意义，但是由于实验条件限制，模拟参数的设定不能完全满足真实状况，会导致实验结果有小小偏差，但是都在控制范围之内。

5.2　矿井防尘供水管网相似实验模型构建理论

5.2.1　模型构建基本方程

矿井防尘供水管网相似实验模型借鉴水工流动模型的理论基础，实验管网和原型管网在供水过程中，为在有界水管中水流凭借自身重力和黏滞力作用下运动，属于不可压缩黏性流体流动范畴，不仅满足不可压缩黏性流体连续性方程，还须要纳维 - 斯托克斯方程。纳维 - 斯托克斯方程如下：

$$\frac{\partial u_x}{\partial x}+\frac{\partial u_y}{\partial y}+\frac{\partial u_z}{\partial z}=0 \tag{5-1}$$

$$
\begin{cases}
m_x - \dfrac{1}{\rho}\dfrac{\partial \rho}{\partial x} + \nu \nabla^2 u_x = \dfrac{\partial u_x}{\partial t} + u_x \dfrac{\partial u_x}{\partial x} + u_y \dfrac{\partial u_x}{\partial y} + u_z \dfrac{\partial u_x}{\partial z} \\
m_y - \dfrac{1}{\rho}\dfrac{\partial \rho}{\partial y} + \nu \nabla^2 u_y = \dfrac{\partial u_y}{\partial t} + u_x \dfrac{\partial u_y}{\partial x} + u_y \dfrac{\partial u_y}{\partial y} + u_z \dfrac{\partial u_y}{\partial z} \\
m_z - \dfrac{1}{\rho}\dfrac{\partial \rho}{\partial z} + \nu \nabla^2 u_z = \dfrac{\partial u_z}{\partial t} + u_x \dfrac{\partial u_z}{\partial x} + u_y \dfrac{\partial u_z}{\partial y} + u_z \dfrac{\partial u_z}{\partial z}
\end{cases}
\tag{5-2}
$$

式中，u_x、u_x、u_x——流体在 x、y、z 轴方向上的速度分量；

m_x、m_x、m_x——流体在 x、y、z 轴方向上的质量分量；

ρ——流体密度；

ν——流体运动黏滞系数；

$\nabla^2 = \dfrac{\partial^2}{\partial x^2} + \dfrac{\partial^2}{\partial y^2} + \dfrac{\partial^2}{\partial z^2}$ ——拉普拉斯算子。

5.2.2 管段相似的基本理论

相似理论即用于指导实验模型相似于原型的理论。对于现实中受到有限条件的约束，无法在原型中进行重复性试验，此时，构建相似于原型的实验模型显得尤为重要，能便于试验性的科学探索。供水管网实验模型相似实质上是流动相似，实验模型不仅在几何尺寸上是原型的等比例缩小版，而且实验模型中同一时刻物理量都需要与原型对应点的物理量均成各自的比例关系。

1. 相似三定理

相似理论的理论基础是相似三定理，能够指导模型的设计及其有关实验模型参数的设置，它能够很好地回答相似现象具有什么性质，模型试验需要测量哪些物理量，实验模型应遵循什么条件。

1）相似第一定理

相似第一定理是由法国 J. Bertrand 于 1848 年提出，又称为相似正定理，对相似的现象，其相似指标等于 1。供水管网中水流动属于不可压缩流体的流动，所以实验模型与原型中同一时刻作用在单位流体上的外力、重力、压力、黏性力及惯性力应满足相似第一定理。

2）相似第二定理

相似第二定理于 1914 年由美国 J. Buckinghan 提出，又称相似 π 定理，设一物理系统有 n 个物理量，其中 k 个物理量的量纲是相互独立的，那么这 n 个物理量可表示成相似准则 π_1，π_2，…，π_{n-k}之间的函数，亦即

$$
f(\pi_1, \pi_2, \cdots, \pi_{n-k}) = 0 \tag{5-3}
$$

3）相似第三定理

相似第三定理又称相似逆定理，对于同一类物理现象，如果单值量相似，而且由单值量所组成的相似准则在数值上相等，则现象相似。相似第三定理回答了现象相似所需的充分和必要条件。

2. 相似准则

在工程流体领域，要使两个流动达到力学相似，必须要保证两个流动几何相似、运动相似及动力相似。而且两个流动现象的边界条件及起始条件也应该相似。为了区分，文中有关变量加以下标“p”和“m”分别表示原型和模型。

1）几何相似

几何相似是相似实验需要满足的基本相似条件，是前提条件。几何相似是指尺寸和形状保持一定比例的相似，也就是说在长度、面积、体积等满足相似。对于供水管网实验模型，主要管长和管径保持几何相似。因此可以将面积比表示为$\frac{A_{\mathrm{p}}}{A_{\mathrm{m}}}=\lambda_A=\lambda_l^2$，体积之比表示为$\frac{V_{\mathrm{p}}}{V_{\mathrm{m}}}=\lambda_V=\lambda_l^3$。

2）运动相似

运动相似指两流体中质点流动状态的相关物理量成比例关系。供水管网中水的流动属于不可压缩流体的流动，其流动状态的物理量主要有时间、流速、流量，比尺如下：

时间比：

$$\lambda_t=\frac{t_{\mathrm{p}}}{t_{\mathrm{m}}} \tag{5-4}$$

流速比尺：

$$\lambda_v=\frac{v_{\mathrm{p}}}{v_{\mathrm{m}}}=\frac{\lambda_l}{\lambda_t} \tag{5-5}$$

流量比尺：

$$\lambda_Q=\frac{Q_{\mathrm{p}}}{Q_{\mathrm{m}}}=\lambda_v\lambda_r^2=\frac{\lambda_s}{\lambda_t}\lambda_r^2 \tag{5-6}$$

式中，λ_t，λ_v，λ_l，λ_Q分别表示原型对实验模型流体流动时间比尺、流速比尺、流程比尺、流量比尺；λ_r表示水管半径比尺；t_{p}、t_{m}分别表示原型、实验模型中流动时间；v_{p}、v_{m}分别表示原型、实验模型中的流速；Q_{p}、Q_{m}别表示原型、实验模型中的流量。

3）动力相似

供水管网中水在流动过程中受到重力（G）、黏滞力（T）、弹性力（E）、压力（P）、表面张力（S）、惯性力（F）等作用。动力相似指原型和模型中流体所受的同名力成比例，流体所受各种力相应比尺相等，则表示为

$$\lambda_G = \lambda_T = \lambda_E = \lambda_P = \lambda_S = \lambda_F \tag{5-7}$$

4）初始条件和边界条件的相似

边界条件相似是指两个流动相应边界性质相同，如原型中固体壁面，模型中相应部分也是固体壁面；原型中的自由页面上压强均等于大气压强等，对于模型来说也一样。对于非恒定流，还有满足初始条件相似。边界条件和初始条件的相似是保证两个流动相似的充分条件。

5.2.3 动力相似准则数

1. 牛顿相似定律

模型与原型的流动都必须服从同一运动规律，并为同一物理方程所描述，这样才能做到几何相似、运动相似和动力相似。由于与液体不同的物理性质有关的重力、黏滞力、弹性力、表面张力等都是企图改变运动状态的力，而由液体惯性所引起的惯性力是企图维持液体原有运动状态的力，因此各种力之间的对比关系应以惯性力和其他各力之间的比值来表示。

为了正确地进行模型设计，需对液流的动力相似做进一步探讨，找出动力相似的具体表达式。

任何液体运动，不论是原型还是模型，都必须遵循牛顿第二定律 $F = ma$，按习惯，选取流速 v、密度 ρ、特征长度 l 为基本量，则 $F = ma = \rho l^3 \dfrac{l}{t^2} = \rho l^2 v^2$。

动力相似要求

$$\lambda_F = \frac{F_\mathrm{p}}{F_\mathrm{m}} = \frac{\rho_\mathrm{p} l_\mathrm{p}^2 v_\mathrm{p}^2}{\rho_\mathrm{m} l_\mathrm{m}^2 v_\mathrm{m}^2} = \lambda_\rho \lambda_l^2 \lambda_v^2 \tag{5-8}$$

式（5－8）可以写成

$$\frac{F_\mathrm{p}}{\rho_\mathrm{p} l_\mathrm{p}^2 v_\mathrm{p}^2} = \frac{F_\mathrm{m}}{\rho_\mathrm{m} l_\mathrm{m}^2 v_\mathrm{m}^2} \tag{5-9}$$

$\dfrac{F}{\rho l^2 v^2}$是无量纲数，称为牛顿数，以 Ne 表示。牛顿数的物理意义是作用于水流的外力与惯性力之比。则式（5－9）可写为 $Ne_\mathrm{p} = Ne_\mathrm{m}$，表明两个相似的水流，它们的牛顿数必相等，称为牛顿相似定律。

2. 液体流动的动力相似准则

在自然界，作用于水流的力是多种多样的，例如重力、黏滞力、压力、表

面张力、弹性力等，这些力互不相同，各自遵循自己的规律，并用不同形式的物理公式来表达。因此，要使模型和原型水流运动相似，这些力除了满足牛顿数 Ne 相等的条件外，还必须满足由其自身性质决定的规律。然而要考虑所有不同性质的力的相似，就要同时满足许多特殊规律，这是非常困难的，往往也无法做到，对于某种具体水流来说，虽然它同时受到不同性质的力作用，但是这些力对水流运动状态的影响并不相同，即总有一种或两种力处于主导地位，决定了水流运动状态。在水力模型试验中，往往使其中起主导作用的力满足相似条件，这样，就能基本上反映水流运动状态的相似。实践证明，这样处理能满足实际问题所要求的精度，这种只满足某一种力作用下的动力相似条件称为动力相似准则。

1）重力相似准则（弗劳德相似准则）

重力是液流现象中常遇到的一种作用力，如明渠水流、堰流及闸孔出流等都是重力起主导作用的流动。

重力可表示 $G=\rho gV$。重力比尺为 $\lambda_G=\dfrac{G_p}{G_m}=\dfrac{\rho_p g_p V_p}{\rho_m g_m V_m}=\lambda_\rho\lambda_g\lambda_l^3$。

当重力起主导作用时，可认为 $F=G$，$\lambda_F=\lambda_G$，结合式（5－8），有

$$\frac{\rho_p g_p l_p^3}{\rho_p l_p^2 V_p^2}=\frac{\rho_m g_m l_m^3}{\rho_m l_m^2 V_m^2}$$

整理得

$$\frac{V_p}{\sqrt{g_p l_p}}=\frac{V_m}{\sqrt{g_m l_m}} \tag{5-10}$$

$\dfrac{V}{\sqrt{gl}}$是无量纲数，称为弗劳德数（Froude number），以 Fr 表示，则式（5－10）可表示为 $Fr_p=Fr_m$。该式表明如果两液流要满足重力相似，则它们的弗劳德数相等，称其为重力相似准则或弗劳德数相似准则。

2）阻力相似准则

阻力可表示为

$$T=\tau\chi l \tag{5-11}$$

式中，τ——边界切应力，Pa；

χ——湿周，m；

l——流程长，m。

对于均匀流，$\tau=\rho gRJ$，因为水力坡度 $J=h_f/l=\dfrac{\lambda}{4R}\dfrac{V^2}{2g}$，则

$$T=\rho gR\frac{\lambda}{4R}\frac{V^2}{2g}\chi l=\frac{1}{8}\rho\lambda l\chi V^2 \tag{5-12}$$

式中，λ——沿程水头损失系数。

阻力比尺为

$$\lambda_T=\frac{T_p}{T_m}=\frac{\rho_p\lambda_p l_p^2 V_p^2}{\rho_m\lambda_m l_m^2 V_m^2}=\lambda_\rho\lambda_\lambda\lambda_l^2\lambda_V^2 \tag{5-13}$$

当阻力起主要作用时，可以认为 $F=T$，结合式（5－8），有$\lambda_p=\lambda_m$或$\lambda_\lambda=1$，为阻力相似的一般准则。

考虑到 λ 与谢才系数 C 的关系为$\lambda=\frac{8g}{C^2}$，则沿程水头损失系数的比尺为

$$\lambda_\lambda=\frac{\lambda_g}{\lambda_C^2}=\frac{1}{\lambda_C^2} \tag{5-14}$$

结合$\lambda_\lambda=1$，则 $\lambda_C=1$，即

$$C_p=C_m \tag{5-15}$$

式（5－15）为阻力相似的另一表达式。表明：两个液流在阻力作用下的动力相似条件是它们的沿程水头损失系数或谢才系数相等。这一准则对层流和紊流均使用。

3）弹性力相似准则

弹性力用 El^2 表示，式中 E 为体积弹性系数，结合式（5－8），有

$$\frac{E_p l_p^2}{\rho_p l_p^2 V_p^2}=\frac{E_m l_m^2}{\rho_m l_m^2 V_m^2}$$

简化后整理得

$$\frac{E_p/\rho_p}{V_p^2}=\frac{E_m/\rho_m}{V_m^2} \tag{5-16}$$

$\frac{V^2}{E/\rho}$是一个无量纲数，称为柯西数（Cauchy number），以 Ca 表示，柯西数表示水流中弹性力与惯性力之比，则式（5－16）可写成

$$Ca_p=Ca_m \tag{5-17}$$

式（5－17）为弹性力相似准则，或称柯西相似准则。它表明：两个液流在弹性力作用下的力学相似条件是它们的柯西数相等。它适用于管路中发生水击时的流动。

4）惯性力相似准则（时间相似准则）

在非恒定一元流动中，加速度 a 可表示为

$$a=\frac{\mathrm{d}V}{\mathrm{d}t}=\frac{\partial V}{\partial t}V+\frac{\partial V}{\partial s}\frac{\partial s}{\partial t}=\frac{\partial V}{\partial t}+V\frac{\partial V}{\partial s} \tag{5-18}$$

式中，加速度由定位加速度$\frac{\partial V}{\partial t}$和变位加速度$V\frac{\partial V}{\partial s}$两部分组成，定位加速度的惯性作用与变位加速度的惯性作用之比可写成

$$\frac{V\frac{V}{l}}{\frac{V}{t}}=\frac{Vt}{l} \tag{5-19}$$

$\frac{l}{Vt}$是一个无量纲数，称为斯特劳哈尔数（Strouhanl number），以 Sr 表示。如果要求原型、模型的非恒定流动相似，则要求斯特劳哈尔数相等，即

$$Sr_{\mathrm{p}}=Sr_{\mathrm{m}} \tag{5-20}$$

式（5－20）表示惯性力相似准则，它是变位加速度的惯性作用于定位加速度的惯性作用之比。因为它是控制非恒定流时间的准数，故又称为时间相似准则。

5）压力相似准则（欧拉相似准则）

一般水流运动中主要了解的是压差 Δp，结合式（5－8），有

$$\frac{\Delta p_{\mathrm{p}}A_{\mathrm{p}}}{\rho_{\mathrm{p}}l_{\mathrm{p}}^{2}V_{\mathrm{p}}^{2}}=\frac{\Delta p_{\mathrm{m}}A_{\mathrm{m}}}{\rho_{\mathrm{m}}l_{\mathrm{m}}^{2}V_{\mathrm{m}}^{2}} \tag{5-21}$$

整理得

$$\frac{\Delta p_{\mathrm{p}}}{\rho_{\mathrm{p}}V_{\mathrm{p}}^{2}}=\frac{\Delta p_{\mathrm{m}}}{\rho_{\mathrm{m}}V_{\mathrm{m}}^{2}} \tag{5-22}$$

令 $Eu=\frac{\Delta p}{\rho V^{2}}$，它是一个无量纲数，称为欧拉数，它表示水流中压差与惯性力的对比关系，当要求原型与模型中压差相似，则必须

$$Eu_{\mathrm{p}}=Eu_{\mathrm{m}} \tag{5-23}$$

式（5－23）表示压力相似准则。

6）黏滞力相似（雷诺相似准则）

管道流动中流体受到黏滞力 T 的作用，阻碍流体原有的流动状态。黏滞力 $T=\mu A\frac{\mathrm{d}u}{\mathrm{d}y}\propto\mu lv$，所以黏滞力比尺为

$$\lambda_{T}=\frac{T_{\mathrm{p}}}{T_{\mathrm{m}}}=\frac{\mu_{\mathrm{p}}l_{\mathrm{p}}v_{\mathrm{p}}}{\mu_{\mathrm{m}}l_{\mathrm{m}}v_{\mathrm{m}}}=\lambda_{\mu}\lambda_{l}\lambda_{v} \tag{5-24}$$

根据动力相似条件 $\lambda_{T}=\lambda_{F}$，得

$$\frac{\mu_{\mathrm{p}}l_{\mathrm{p}}v_{\mathrm{p}}}{\mu_{\mathrm{m}}l_{\mathrm{m}}v_{\mathrm{m}}}=\frac{\rho_{\mathrm{p}}l_{\mathrm{p}}^{2}v_{\mathrm{p}}^{2}}{\rho_{\mathrm{m}}l_{\mathrm{m}}^{2}v_{\mathrm{m}}^{2}} \tag{5-25}$$

简化后得

$$\frac{l_p v_p}{\upsilon_p}=\frac{l_m v_m}{\upsilon_m} \tag{5-26}$$

式（5-26）中$\frac{vl}{\upsilon}$为无量纲数，称为雷诺数 Re，式（5-26）可以改写为 $Re_p=Re_m$，称为雷诺数准则。雷诺准则表示两个流体的黏滞力相似时，即雷诺数相等。

7）表面张力相似（韦伯相似准则）

当管道流动中流体受表面张力 S 的作用，表面张力 $S=\sigma l$，所以表面张力比尺为

$$\lambda_S=\frac{S_p}{S_m}=\frac{\sigma_p l_p}{\sigma_m l_m} \tag{5-27}$$

根据动力相似条件，$\lambda_S=\lambda_F$，得

$$\frac{\sigma_p l_p}{\sigma_m l_m}=\frac{\rho_p l_p^2 v_p^2}{\rho_m l_m^2 v_m^2} \tag{5-28}$$

简化后得

$$\frac{\rho_p l_p v_p^2}{\sigma_p}=\frac{\rho_m l_m v_m^2}{\sigma_m} \tag{5-29}$$

式（5-29）中$\frac{\rho lv}{\sigma}$为无量纲数，称为韦伯数 We，式（5-29）可以改写为 $We_p=We_m$，称为韦伯数准则。韦伯数主要反映流动中表面张力与惯性力之比。韦伯准则表示两个流体的表面张力相似时，模型和原型流动的韦伯数相等。

5.2.4 管流变态相似理论

两个流体流动的相似主要为几何相似、运动相似和动力相似，其中几何相似包括正态相似和变态相似。在正态相似方面的研究已经相当成熟，能够科学有效地指导构建相似实验模型，但是在实际实验条件下，变态相似实验模型应用的情况不少。在实际实验条件下，有时受到场地空间限制或者经费有限，实验模型在实际构建过程中的多种因素影响下，往往做不到与原型正态相似，所以引进变态相似理论，在不改变主要研究问题的前提下，又能满足现有实验条件基础上，指导构建实验模型。

1. 变态相似

变态相似主要是指在几何相似方面做不到完全正态相似，采用变态相似后

达到构建实验模型的目的。在供水管网相似实验模型中，若管长相似比尺 λ_l 等于管径相似比尺 λ_d，则为正态相似。但是由于管段长度较长，管长相似比尺选值范围较宽；而管径方面受到限制，管径相似比尺选值范围有限，受到实验条件限制，基本很难做到正态相似。此时，定义模型变态率 i 为管长比尺 A 与管径比尺 h 之比，用模型变态率来表示差似程度。

$$\zeta = \frac{\lambda_l}{\lambda_d} \tag{5-30}$$

2. 变态相似准则数

实验模型与原型在几何相似上变态相似后，两个体系中流体受到力原则上也应满足一定的相似关系。通过力学相似，确定管网实验模型的重要物理量与实际管网间的相似关系。水力模型是以力学相似为基础，管流变态模拟要满足以下力学相似准则：

（1）牛顿相似准则。

牛顿数 Ne 表征作用力与惯性力之间比值，实验模型与管网原型的牛顿数之间有如下关系：

$$Ne_{\mathrm{m}} = Ne_{\mathrm{p}} \cdot \zeta^2 \tag{5-31}$$

（2）弗劳德相似准则。

弗劳德数 Fr 表征重力和位移惯性力的比值，实验模型与管网原型的弗劳德数应该相等：

$$Fr_{\mathrm{m}} = Fr_{\mathrm{p}} \tag{5-32}$$

（3）雷诺相似准则。

雷诺数 Re 表征黏滞力与位移惯性力的比值，实验模型与管网原型的雷诺数应有如下关系：

$$\zeta^2 \cdot Re_{\mathrm{m}} = Re_{\mathrm{p}} \tag{5-33}$$

（4）欧拉相似准则。

欧拉数 Eu 表征压力与位移惯性力的比值，实验模型与管网原型的欧拉数应该相等：

$$Eu_{\mathrm{m}} = Eu_{\mathrm{p}} \tag{5-34}$$

管网中水流一般认为不可压缩流动，主要受到惯性力、重力、黏滞力、压力作用，不存在弹性力作用。

5.3 实验室模型管网的构建

5.3.1 实验室模型变态相似数的确定

模型实验室根据相似原理，制成和原型相似的小尺度模型进行实验研究，并以实验的结果预测出原型将会发生的流动现象。进行模型实验需要解决下面两个问题。

1. 模型律的选择

为了使模型和原型流动完全相似，除要几何相似外，各独立的相似准则应同时满足。但实际上要同时满足各准则很困难，甚至是不可能的。模型实验做到流动完全相似是比较困难的，一般只能达到近似相似，就是保证对流动起主要作用的力相似，这就是模型律的选择问题。如有压管流、潜体绕流，黏滞力起主要作用，应按雷诺准则设计模型；堰顶溢流、闸孔出流、明渠流动等，重力起主要作用，应按弗劳德准则设计模型。

在沿程阻力系数实验中已经知道，当雷诺数 *Re* 超过一定数值，流动进入紊流的粗糙区后，沿程阻力系数不随 *Re* 变化，即流动阻力的大小与 *Re* 无关，这个流动范围称为自动模型区。若原型和模型流动都处于自动模型区，只需几何相似，不需 *Re* 相等，就自动实现阻力相似。工程上许多明渠水流处于自动模型区，按弗劳德准则设计的模型，主要模型中的流动进入自动模型区，便同时满足阻力相似。

2. 模型设计

进行模型设计，通常是先根据实验场地，模型制作和测量条件，定出长度比尺 λ_l；再以选定的长度比尺 λ_l 缩小原型的几何尺寸，得出模型区的几何边界；根据对流动受力情况的分析，满足对流动起主要作用的力相似，选择模型律；最后按所选用的相似准则，确定流速比尺及模型的流量。

本节选取某煤矿（A 矿）的供水管网为原型，该管网以地面静压水池为主水源，－320 蓄水池为辅助水源。经过简化，管网中共有 20 个节点，19 根管段。A 矿供水管网系统原始简化图如图 2－4 所示。节点和管段的基本信息如表 5－1 和表 5－2 所示。

表 5－1　A 仓矿供水管网节点基本信息

节点编号	标高 /m	基本需水量 /($m^3 \cdot h^{-1}$)	设计水压 /MPa	节点编号	标高 /m	基本需水量 /($m^3 \cdot h^{-1}$)	设计水压 /MPa
1	8	—	—	11	－425	12.2	2
2	－320	—	—	12	－470	5.6	1.5
3	－241	0	—	13	－410	8.4	2
4	－240	0	—	14	－400	5.6	1.5
5	－241	0	—	15	－490	0	—
6	－258	26.6	2	16	－527	0	—
7	－400	0	—	17	－630	0	—
8	－400	0	—	18	－540	26.6	2
9	－370	8.4	2	19	－500	5.6	1.5
10	－470	0	—	20	－500	5.6	1.5

表 5－2　A 仓矿供水管网管段基本信息

管段编号	长度/m	直径/mm	管段编号	长度/m	直径/mm
1	240	159	11	226	108
2	2 000	159	12	250	60
3	400	108	13	1 200	108
4	600	108	14	600	108
5	600	159	15	190	108
6	120	108	16	430	108
7	320	108	17	600	108
8	296	108	18	350	60
9	480	108	19	1 500	60
10	326	60			

1）变态相似数的确定

A 仓矿的最大管径达到 159 mm，最大管长达到 2 000 m，而实验室条件有限，最大长度为 10 m，若取长度相似数 $\lambda_l = 2\ 000/10 = 200$，满足正态相似，则实验室管径为 159/200＝0.8(mm)，而市面上供水管网最小管径为 16 mm，不符合实际情况。若取管径相似数 $\lambda_d = 159/16 = 10$，满足正态相似，则实验室最大管长为 2 000/10＝200(m)，实验室条件也无法达到。因此需要通过满足变态相似准则来构造相似实验模型。结合实验室条件和市面上可获取的管径情况，初步选定管长变态相似数 $\lambda_l = 300$，管径变态相似数 $\lambda_d = 4.3$。由于矿井供水管网在地下几百米处，其高差大，以地面水库静压供水为主，地下泵站动压供水为辅。因此矿山井下供水管网的供水动力为重力，在满足重力相似的前提下来推导变态相似数。

2）流量、流速变态相似数推导

重力相似准则即弗劳德准则，满足重力相似即满足弗劳德数相等：

$$Fr_{\mathrm{p}} = Fr_{\mathrm{m}} \tag{5-35}$$

$$Fr = \frac{v^2}{gl} \tag{5-36}$$

式中，下标 p 表示原管网；m 表示实验管网；v 是流体速度；g 是重力加速度；l 是管段长度。结合式（5－35）和式（5－36）可得

$$\frac{v_{\mathrm{p}}^2}{gl_{\mathrm{p}}} = \frac{v_{\mathrm{m}}^2}{gl_{\mathrm{m}}} \tag{5-37}$$

由 $\lambda_v = \dfrac{v_{\mathrm{p}}}{v_{\mathrm{m}}}$，$\lambda_l = \dfrac{l_{\mathrm{p}}}{l_{\mathrm{m}}}$，结合式（5－37）可得

$$\lambda_v^2 = \lambda_l \tag{5-38}$$

由 $Q = A \times V = \dfrac{\pi d^2}{4} v$，可得

$$\lambda_Q = \frac{\pi d_{\mathrm{p}}^2}{4} v_{\mathrm{p}} \Big/ \frac{\pi d_{\mathrm{m}}^2}{4} v_{\mathrm{m}} = \lambda_d^2 \lambda_v \tag{5-39}$$

结合式（5－33）得

$$\lambda_Q = \lambda_d^2 \sqrt{\lambda_l} \tag{5-40}$$

3）压力差变态相似数推导

满足压力差相似即满足欧拉相似，欧拉相似数

$$Eu = \frac{\Delta p}{\rho v^2}$$

式中，Δp 是管段两点压力差，单位用 m 表示；ρ 为流体密度。根据欧拉数相等得

$$\frac{\Delta p_{\mathrm{p}}}{\rho_{\mathrm{p}} v_{\mathrm{p}}^2} = \frac{\Delta p_{\mathrm{m}}}{\rho_{\mathrm{m}} v_{\mathrm{m}}^2} \Rightarrow \lambda_{\Delta p} = \lambda_v^2 \tag{5-41}$$

将相似模型的各物理指标变态相似数列于表 5－3 中。

表5－3　各物理指标变态相似数

物理指标	表达式	相似数值
管长	l	300
管径	d	4.3
流量	$\lambda_d^2\sqrt{\lambda_l}$	320
流速	$\sqrt{\lambda_l}$	17.32
压差	λ_v^2	300

5.3.2　管网相似模型的验证

在实验室搭建管网之前，需要通过计算机软件对相似模型进行验证，在确保选用的变态相似数是可靠的情况下再进行物理模型的搭建。本文选用美国环保局开发的水力软件 EPANET 的汉化版本对实验管网进行模拟。该软件提供绘制管网结构，管网包括管道、节点（管道连接节点）、水泵、阀门和蓄水池（或者水库）等组件，提供多种水力计算公式，可对管网进行延时水质/水力模拟，并且提供各种方式显示计算结果，包括管网地图颜色表示、数据表格、时间序列图和等值线图等。

利用 EPANETH 模拟配水系统时，通常执行以下步骤：

（1）绘制表示配水系统的管网，或者导入具有管网基本描述的文本文件；

（2）编辑系统对象的属性；

（3）编辑系统运行属性；

（4）选择一组分析选项；

（5）执行水力/水质分析；

（6）显示分析结果。

结合原管网的基础数据，按照各物理指标的变态相似数，推算出模型的管长、管径、标高和各用水点的需水量。由于市面上购买的水管都是标准直径的，不能完全等于变态相似管径，因此在满足变态相似的原则上，尽量选取接近的管径，具体参数如表5－4和表5－5所示。

表5－4　模型管网管长和管径表

管段 ID	长度/m	直径/mm	管段 ID	长度/m	直径/mm
1	5	32	4	2	25
2	3	32	5	0.5	32
3	1.3	25	6	0.4	25

续表

管段 ID	长度/m	直径/mm	管段 ID	长度/m	直径/mm
7	1	25	14	0.2	25
8	1	25	15	0.6	25
9	0.2	25	16	0.3	25
10	1	20	17	2	25
11	0.8	25	18	1.2	20
12	0.8	20	19	2.5	20
13	2	25			

表 5-5　管网节点标高和需水量

节点 ID	标高/m	需水量/ ($m^3 \cdot h^{-1}$)	节点 ID	标高/m	需水量 ($m^3 \cdot h^{-1}$)
1	5	—	11	1	0.034
2	1.4	—	12	1	0.016
3	1.7	—	13	1	0.024
4	1.7	—	14	1.2	0.016
5	1.7	—	15	1.2	—
6	1.7	0.075	16	1.2	—
7	1.2	—	17	0.7	—
8	1.2	—	18	1.2	0.075
9	1.2	0.024	19	0.7	0.016
10	1	—	20	0.7	0.016

在 EPANATH 软件中绘制管网，输入水源、节点和管段参数。由于 -320 水源是辅助水源，因此模型管网不对辅助水源进行参数输入。地面静压水池用水箱代替，原水池的蓄水能力是 300 m^2，根据相似数，实验中水箱尺寸为 1 m*1.2 m（直径*高）。海曾-威廉系数选用 140。模拟某天上午 10 点 A 矿供水管网运行情况，软件运行界面如图 5-1 所示，运行管段结果如图 5-2 和图 5-3 所示。

选取各用水点为监测对象，即管段编号为 4、7、8、10、11、12、17、18 和 19，与原始管网的流速、流量和压力做对比，具体对比结果如表 5-6 和表 5-7 所示。

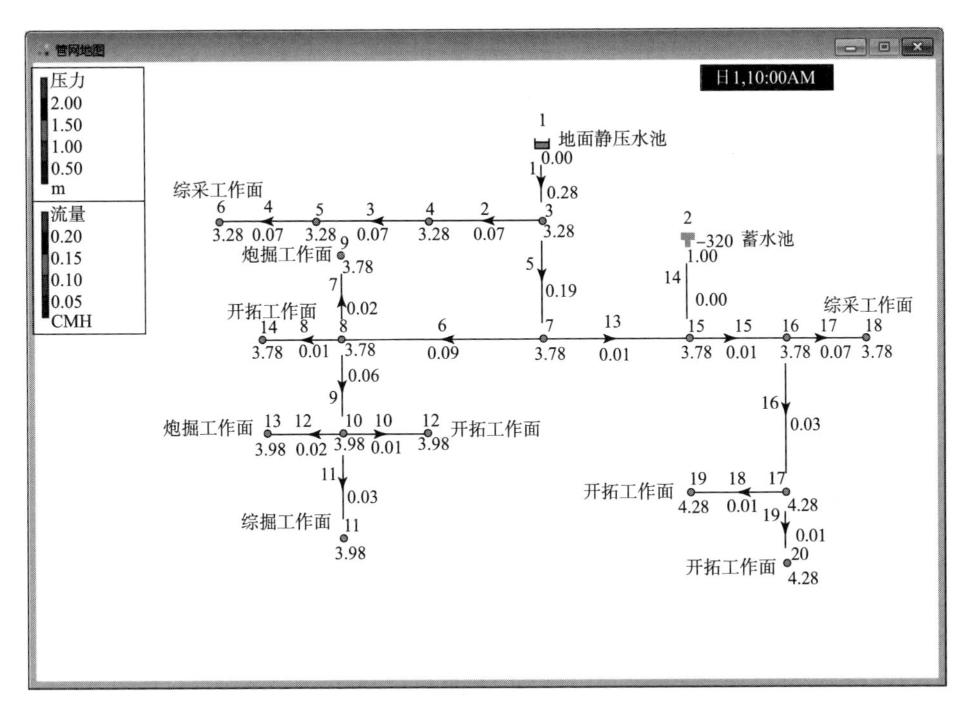

图 5－1　EPANETH 运行界面

管段ID	长度 m	直径 mm	流量 CMH	流速 m/s	单位水头损失 m/km
管道 3	1.3	25	0.07	0.04	0.14
管道 4	2	25	0.07	0.04	0.14
管道 5	0.5	32	0.19	0.07	0.26
管道 6	0.4	25	0.09	0.05	0.23
管道 7	1	25	0.02	0.01	0.01
管道 8	1	25	0.01	0.01	0.01
管道 9	0.2	25	0.06	0.04	0.11
管道 10	1	20	0.01	0.01	0.02
管道 11	0.8	25	0.03	0.02	0.03
管道 12	0.8	20	0.02	0.02	0.03
管道 13	2	25	0.10	0.06	0.25
管道 15	0.6	25	0.10	0.06	0.25
管道 16	0.3	25	0.03	0.01	0.02
管道 19	2.5	20	0.01	0.01	0.02
管道 17	2	25	0.07	0.04	0.14
管道 18	1.2	20	0.01	0.01	0.02
管道 2	3	32	0.07	0.02	0.04
管道 14	0.2	25	0.00	0.00	0.00
管道 1	5	20	0.26	0.23	4.64

图 5－2　EPANETH 运行管段结果

节点ID	标高 m	基本需水量 CMH	需水量 CMH	总水头 m	压力 m
连接点 3	1.7	0	0.00	4.98	3.28
连接点 4	1.7	0	0.00	4.98	3.28
连接点 5	1.7	0	0.00	4.98	3.28
连接点 6	1.7	0.075	0.07	4.98	3.28
连接点 7	1.2	0	0.00	4.98	3.78
连接点 8	1.2	0	0.00	4.98	3.78
连接点 9	1.2	0.024	0.02	4.98	3.78
连接点 10	1	0	0.00	4.98	3.98
连接点 11	1	0.034	0.03	4.98	3.98
连接点 12	1	0.016	0.01	4.98	3.98
连接点 13	1	0.024	0.02	4.98	3.98
连接点 14	1.2	0.016	0.01	4.98	3.78
连接点 15	1.2	0	0.00	4.98	3.78
连接点 16	1.2	0	0.00	4.98	3.78
连接点 17	0.7	0	0.00	4.98	4.28
连接点 18	1.2	0.075	0.07	4.98	3.78
连接点 19	0.7	0.016	0.01	4.98	4.28
连接点 20	0.7	0.016	0.01	4.98	4.28
水库 1	5	#N/A	-0.26	5.00	0.00
水池 2	1.4	#N/A	0.00	2.40	1.00

图 5－3　EPANETH 运行节点结果

表 5－6　流量和流速结果对比

监测点	流量/（$m^3 \cdot h^{-1}$）		λ_Q	相对误差/%	流速/（$m \cdot s^{-1}$）		λ_V	相对误差/%
	原管网	模型管网			原管网	模型管网		
4	22.99	0.07	328.4	2.57	0.7	0.04	17.5	1.16
7	6.14	0.02	307	－4.23	0.17	0.013	17	－1.73
8	3.58	0.01	358	10.61	0.19	0.01	19	9.83
10	3.58	0.01	358	10.61	0.19	0.013	19	9.83
11	10.12	0.03	337.3	5.14	0.31	0.02	15.5	－10.4
12	6.14	0.02	307	－4.23	0.38	0.023	19	9.83
17	22.99	0.07	328.4	2.57	0.7	0.04	17.5	1.16
18	3.58	0.01	358	10.61	0.21	0.014	19	9.83
19	3.58	0.01	358	10.61	0.19	0.014	19	9.83

表 5－7　监测点压力对比

管道 ID	高节点压力/MPa		低节点压力/MPa		压差/MPa		$\lambda_{\Delta p}$	相对误差/%
	原管网	模拟管网	原管网	模拟管网	原管网	模拟管网		
5	3.8	0.032	5.3	0.038	1.5	0.005	304.48	1.47
9	5.3	0.038	6.0	0.04	0.66	0.002	333.05	9.92
16	2.8	0.038	4.2	0.042	1.37	0.005	274.78	－9.18

从表5－6数据可以看出，监测点的流量相对误差仅有两处超过10%，而流速误差相差较大，这是因为实验室管网模型的管径都是标准管径，并且在进行变态相似比例缩小时，将倾斜管变成水平管（如管段2、13和19，高差相对不大，但是管段很长），而且模型管网较小，局部损失占用比例大，沿程损失小，而实际管网正好相反，因此结果会出现偏差，所以实际管网中沿程损失较大的用水点在实验中测得的压力需要乘以一个损失系数，如20号用水点根据实际情况损失系数为0.87。从表5－7中可以看出，模型管网中的监测点与实际管网的压差相似数误差不超过10%，说明模型较可靠。

5.3.3　实验室管网的构建

通过计算机验证确定的变态相似数是合理的，就可以在实验室搭建相似管网模型。结合实验条件，在保证原管网的主体拓扑结构不变的情况做如下简化：

（1）管线均布置成水平或竖直的，因此当实际管段不是垂直往下走时，实验模型中以高差作为该管段的长度。实验管网模型如图5－4所示。

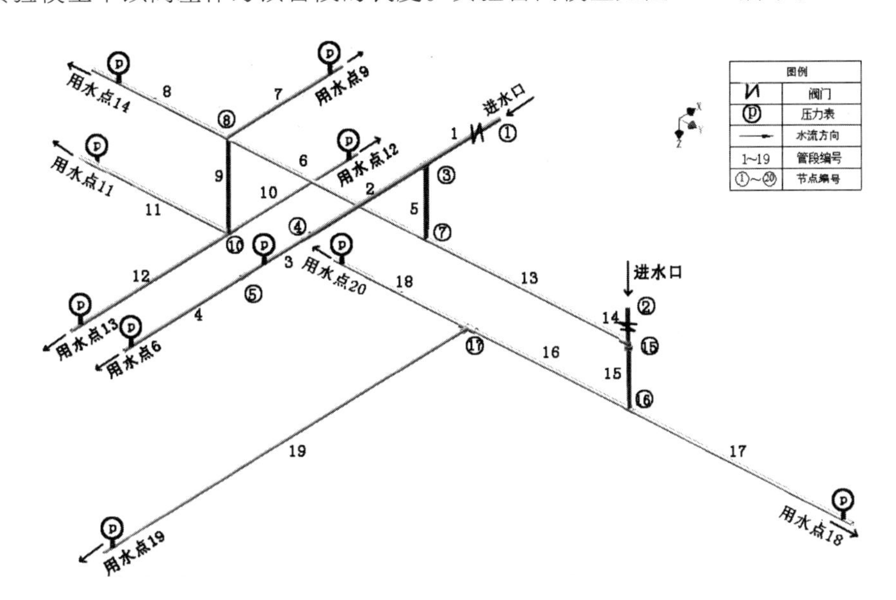

图5－4　实验管网模型

（2）水源1采用水箱静压供水；水源2采用水泵动压供水，并在水源进口安装阀门。

（3）将A矿各工作面定为出水点，一共有9个出水点，标号为6、9、11、12、13、14、18、19和20的出水点。在各个出水点处安装水压表，以便监测各出水点压力，如图 5 -4 中“P”所示。

建好的管网如图 5 -5 所示。

(a) (b)

图 5 -5 实验管网照片

本实验采用具有一定高度的水塔作为蓄水池进行静压供水，在整个实验过程中，测量的物理量主要为流量和压力。流量的测量主要是实验管网中各个用水点处的流量，压力为管网中各处压力表的读数。

流量的测量：受到相关条件的限制，综合考虑最终采用简单的人工测量方法，即单位时间内水流的体积。将秒表和盛水容器同时使用，做到秒表计时和容器盛水动作同步，各个用水点均安装阀门控制流量，对于用水量较小的用水点可以选择塑料量筒盛水直接读数，实验备有容积为 5 L、10 L 的量筒；若流量较大时，则选择容积较大的塑料桶盛水，计时结束后，将盛水塑料桶放置电子秤称重，电子秤选用 XK3100 电子显示秤。为减小测量过程的误差，一般是在管网和用水点水流稳定时开始测量，同一用水点流量测量次数为 3 ~ 5 次，测量计时时间 2 ~ 3 min。压力的测量：在实验管网模型中，设置了 24 个压力监测点，压力表采用北京布莱迪仪器仪表有限公司生产的 YB - 150 型精密压力表，压力表精度为 0. 4，测量量程为 0 ~ 0. 1 MPa，最小刻度为 0. 000 5 MPa。

5. 4 模型管网压力分布规律实验研究

5. 4. 1 实验准备

1. 实验目的

研究各用水点用水量变化对其他各用水点压力的影响，得出需水量与压力的函数关系式，从而当实际应用中需水量发生变化时，可以通过预测各工作面压力来及时采取相应增压或减压措施，提高管网水力可靠性。

2. 实验内容

结合已知的A仓矿最高日各工作面的时用水量，研究当某一工作面用水量增加时对其他工作面的水量和水压的影响规律。在实验室进行相应的相似实验研究。图5-6所示为A仓矿井下一天用水量情况。

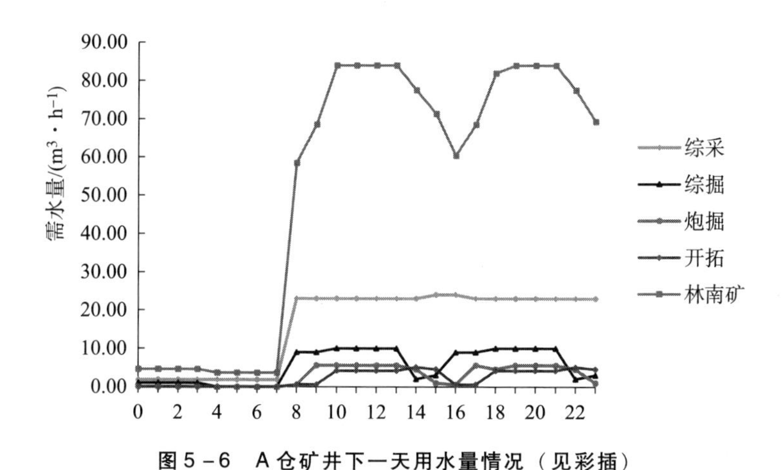

图5-6　A仓矿井下一天用水量情况（见彩插）

从图5-6中可以看出，各工作面在0点~7点间用水最少，10点~13点间和19点~21点间用水量最大，为了研究A仓矿供水管网的水力可靠性，以上午10点的各工作面用水量和压力为研究对象，在实验室进行相似实验。从A仓矿的供水管网结构上可以看出，综采、综掘、炮掘和开拓工作面处于不同的水平线上，压力差明显，因此以6、9、11和20为监测对象。

3. 实验方法

（1）供水方式：水源1为静压供水，在水箱搁置在窗台上，并同时对水箱供水，保持水箱液面高度变化不超过5 cm，水源2用水泵供水；最大供水能力3 m^3/h。

（2）测压力：实验中根据压力不同，为了读数精确选用不同量程的压力表，有0~0.1 MPa和0~0.2 MPa的指针型压力表；并对压力表进行编号，读取各节点的水压。在实验中为了节省时间，先对压力表盘进行拍照，后期再集中读数。

（3）测流量：用量程为5 L的量筒结合秒表来测量各出水点的水量。读数时待液面稳定后，水平读取液面底部对应的刻度。

5.4.2 模型管网压力分布规律实验研究

在研究各用水点压力与管网需水量之间的关系前，先来看看整个管网一天24小时的压力分布情况。

1. 模拟管网某一天正常用水时的压力分布规律

在实验中，将各用水点的需水量根据实际管网需水量按照 $\lambda_Q=320$ 进行调节，由于按照此比例后需水量较小，实验中不易操作，但是由于本实验研究的是压力与需水量的关系，所以可以将需水量全部扩大10倍来设置，对结果几乎无影响。模型管网用水点24 h需水量如表5－8所示。

表5－8 模型管网用水点24 h需水量

时刻	需水量/($m^3\cdot h^{-1}$)								
	6	9	14	13	12	11	18	19	20
0:00	0.06	0	0	0	0	0.031	0.06	0	0
1:00	0.06	0	0	0	0	0.031	0.06	0	0
2:00	0.06	0	0	0	0	0.031	0.06	0	0
3:00	0.06	0	0	0	0	0.031	0.06	0	0
4:00	0.06	0	0	0	0	0	0.06	0	0
5:00	0.06	0	0	0	0	0	0.06	0	0
6:00	0.06	0	0	0	0	0	0.06	0	0
7:00	0.06	0	0	0	0	0	0.06	0	0
8:00	0.72	0.02	0.02	0.02	0.02	0.28	0.72	0.02	0.02
9:00	0.72	0.17	0.02	0.17	0.02	0.28	0.72	0.02	0.02
10:00	0.72	0.17	0.13	0.17	0.13	0.31	0.72	0.13	0.13
11:00	0.72	0.17	0.13	0.17	0.13	0.31	0.72	0.13	0.13
12:00	0.72	0.17	0.13	0.17	0.13	0.31	0.72	0.13	0.13
13:00	0.72	0.17	0.13	0.17	0.13	0.31	0.72	0.13	0.13
14:00	0.72	0.14	0.16	0.14	0.16	0.06	0.72	0.16	0.16
15:00	0.75	0.03	0.14	0.03	0.14	0.09	0.75	0.14	0.14
16:00	0.75	0.02	0.02	0.02	0.02	0.28	0.75	0.02	0.02
17:00	0.72	0.17	0.02	0.17	0.02	0.28	0.72	0.02	0.02
18:00	0.72	0.14	0.13	0.14	0.13	0.31	0.72	0.13	0.13

续表

时刻	需水量/($m^3 \cdot h^{-1}$)								
	6	9	14	13	12	11	18	19	20
19:00	0.72	0.17	0.13	0.17	0.13	0.31	0.72	0.13	0.13
20:00	0.72	0.17	0.13	0.17	0.13	0.31	0.72	0.13	0.13
21:00	0.72	0.17	0.13	0.17	0.13	0.31	0.72	0.13	0.13
22:00	0.72	0.14	0.16	0.14	0.16	0.06	0.72	0.16	0.16
23:00	0.72	0.03	0.14	0.03	0.14	0.09	0.72	0.14	0.14

实验过程中，管网运行 2 min 后流量就会达到稳定，因此每 2 min 测一次各用水点的流量和水压，测完后再调节相应时刻的需水量，以此类推，一共测 24 次，即模拟一天 24 个时刻的各用水点的水量和水压。在测量过程中，要尽量保证水箱的液面高度不变，测得的压力数据如表 5－9 所示。

表 5－9　模型管网用水点 24 h 压力表

时刻	压力/MPa								
	6	9	14	13	12	11	18	19	20
0:00	0.149	0.154	0.154	0.156	0.156	0.156	0.154	0.159	0.159
1:00	0.149	0.154	0.154	0.156	0.156	0.156	0.154	0.159	0.159
2:00	0.149	0.154	0.154	0.156	0.156	0.156	0.154	0.159	0.159
3:00	0.149	0.154	0.154	0.156	0.156	0.156	0.154	0.159	0.159
4:00	0.150	0.155	0.155	0.157	0.157	0.157	0.155	0.160	0.160
5:00	0.150	0.155	0.155	0.157	0.157	0.157	0.155	0.160	0.160
6:00	0.150	0.155	0.155	0.157	0.157	0.157	0.155	0.160	0.160
7:00	0.150	0.155	0.155	0.157	0.157	0.157	0.155	0.160	0.160
8:00	0.112	0.117	0.117	0.119	0.119	0.119	0.117	0.122	0.122
9:00	0.098	0.104	0.104	0.106	0.106	0.106	0.103	0.109	0.109
10:00	0.075	0.080	0.080	0.082	0.082	0.082	0.080	0.085	0.085
11:00	0.075	0.080	0.080	0.082	0.082	0.082	0.080	0.085	0.085
12:00	0.075	0.080	0.080	0.082	0.082	0.082	0.080	0.085	0.085
13:00	0.075	0.080	0.080	0.082	0.082	0.082	0.080	0.085	0.085
14:00	0.085	0.090	0.090	0.092	0.092	0.092	0.090	0.095	0.095
15:00	0.094	0.100	0.100	0.102	0.102	0.102	0.099	0.104	0.104
16:00	0.109	0.115	0.115	0.117	0.117	0.117	0.114	0.119	0.119
17:00	0.098	0.104	0.104	0.106	0.106	0.106	0.103	0.109	0.109

续表

时刻	压力/MPa								
	6	9	14	13	12	11	18	19	20
18:00	0.078	0.084	0.084	0.085	0.085	0.085	0.083	0.088	0.088
19:00	0.075	0.080	0.080	0.082	0.082	0.082	0.080	0.085	0.085
20:00	0.075	0.080	0.080	0.082	0.082	0.082	0.080	0.085	0.085
21:00	0.075	0.080	0.080	0.082	0.082	0.082	0.080	0.085	0.085
22:00	0.085	0.090	0.090	0.092	0.092	0.092	0.090	0.095	0.095
23:00	0.097	0.103	0.103	0.105	0.105	0.105	0.102	0.107	0.107

为了更加直观的分析各用水点压力变化规律，将表 5－9 中数据绘制成曲线，如图 5－7 所示。

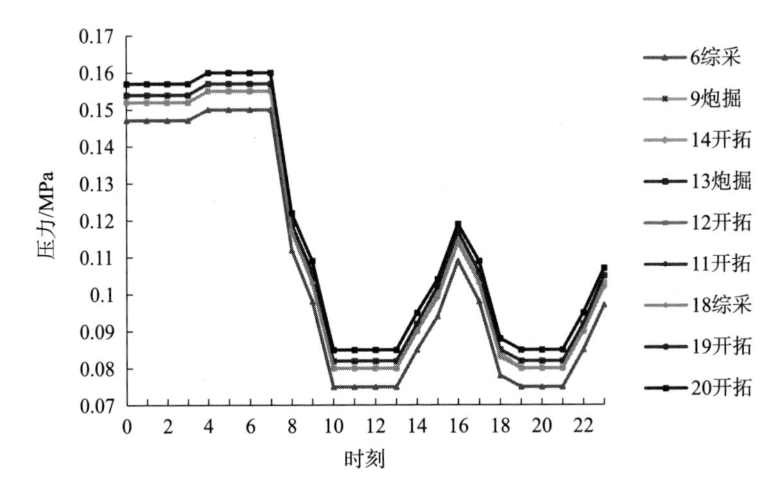

图 5－7　模型管网用水点 24 h 压力变化曲线（见彩插）

结合表 5－1 中 A 仓矿各工作面的设计水压，根据变态相似数换算成模型管网各点设计水压，如表 5－10 所示。

表 5－10　用水点设计水压

用水点编号	6	9	11	20
设计水压/MPa	0.066	0.066	0.066	0.05

图 5－7 中仅看到 4 条曲线，这是因为模型管网较小，标高相等的节点其压力也几乎相等，但是从表 5－9 的数据可以看出虽然节点 9、14 和 18 的标高相同，但是在用水量最大的时候压力数值还是有小小差别的，这是因为产生了沿程损失。结合表 5－9 和表 5－10 数据可以看出，各用水点的水压在正常工

作情况下均达到设计水压。

从图5－7可以看出，模型管网各用水点24 h压力的变化趋势一样，并且与A仓矿24 h总用水量的变化趋势呈现负相关性，需水量最大的时候压力最小，需水量最小的时候压力最大；这与流体力学里的伯努利方程原理保持一致。并且各用水点的压力变化规律并不随自身的流量变化而发生特定的变化，而是与整个管网的用水量有关，说明各用水点的压力之间是有相互影响的，因此可初步认定管网中某工作面的水压与整个管网的用水量存在一种函数关系。通过表5－9可以得到模型管网一天中每个时刻的总用水量，结合表5－10中各用水点的压力分别进行参数拟合。下面对6、9、11和20号4个用水点进行水量和压力的参数拟合。

2. 6号用水点压力与管网总需水量的关系

将24 h管网总需水量设为自变量Flow，6号用水点的压力设为因变量Pressure，用Matlab对两个变量进行拟合，拟合结果如图5－8所示，拟合误差如表5－11所示。

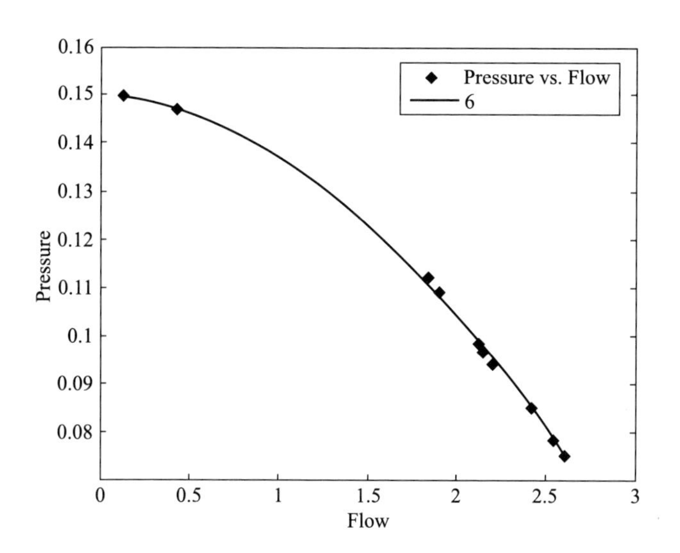

图5－8　6号点压力与管网总需水量关系拟合

表5－11　6号点压力与管网总需水量关系拟合误差表

参数名称	SSE（和方差）	R-square（确定系数）	Adjusted R-square（决定系数）	RMSE（标准差）	confidence bounds（置信区间）
参数值	3.961×10^{-6}	0.999 8	0.999 8	0.000 434 3	95%

表 5－11 中 SSE 值越接近 0，说明函数模型的选择和拟合更好，数据预测也越精确。R-square 的正常取值范围是［0，1］，越接近 1 就表明自变量对因变量的解释能力越强，从而这个模型对数据拟合的也更好。

从表 5－11 的结果能看出来，该模型拟合效果很好，说明 6 号用水点的压力和管网总需水量存在如图 5－8 所示的线性关系，拟合方程为

$$p = -0.01256q^{1.863} + 0.15 \quad (5-42)$$

3. 9 号用水点压力与管网总需水量的关系

同之前操作一样，将 24 h 管网总需水量设为因变量 Flow，9 号用水点的压力设为自变量 Pressure，用 Matlab 对两个变量进行拟合，拟合结果如图5－9所示，拟合误差如表 5－12 所示。

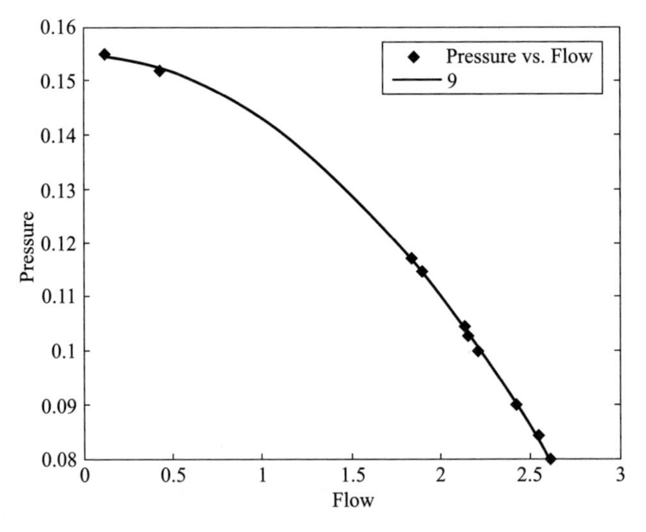

图 5－9　9 号点压力与管网总需水量关系拟合

表 5－12　9 号点压力与管网总需水量关系拟合误差表

参数名称	SSE	R-square	Adjusted R-square	RMSE	confidence bounds
参数值	3.258×10^{-6}	0.999 9	0.999 8	0.000 393 9	95%

从表 5－12 的结果能看出来，该模型拟合效果很好，说明 9 号用水点的压力和管网总需水量存在如图 5－9 所示的线性关系，拟合方程为

$$p = -0.01176q^{1.928} + 0.1548 \quad (5-43)$$

4. 11 号用水点压力与管网总需水量的关系

同之前操作一样，将 24 h 管网总需水量设为因变量 Flow，11 号用水点的压力设为自变量 Pressure，用 Matlab 对两个变量进行拟合，拟合结果如图5 - 10 所示，拟合误差如表 5 - 13 所示。

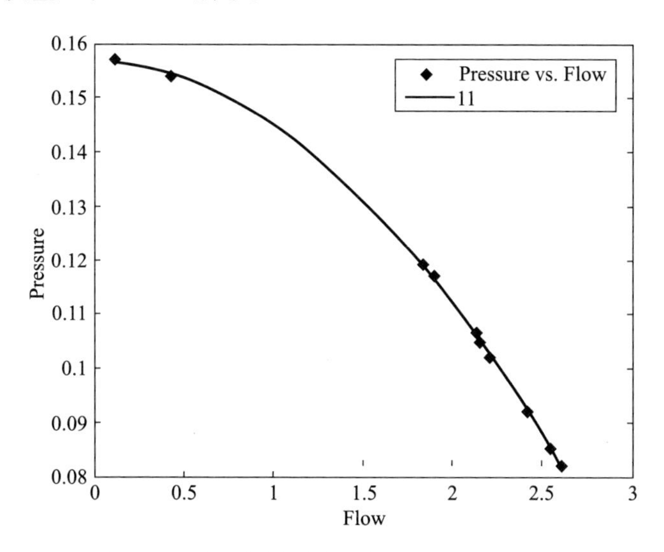

图 5 - 10　11 号点压力与管网总需水量关系拟合

表 5 - 13　11 号点压力与管网总需水量关系拟合误差表

参数名称	SSE	R-square	Adjusted R-square	RMSE	confidence bounds
参数值	2.831×10^{-6}	0.999 9	0.999 9	0.000 367 2	95%

从表 5 - 13 的结果能看出来，该模型拟合效果很好，说明 11 号用水点的压力和管网总需水量存在如图 5 - 10 所示的线性关系，拟合方程为

$$p = -0.011\ 72q^{1.933} + 0.156\ 8 \tag{5-44}$$

5. 20 号用水点压力与管网总需水量的关系

同之前操作一样，将 24 h 管网总需水量设为因变量 Flow，20 号用水点的压力设为自变量 Pressure，用 Matlab 对两个变量进行拟合，拟合结果如图5 - 11 所示，拟合误差如表 5 - 14 所示。

表 5 - 14　20 号点压力与管网总需水量关系拟合误差表

参数名称	SSE	R-square	Adjusted R-square	RMSE	confidence bounds
参数值	4.866×10^{-6}	0.999 8	0.999 8	0.000 481 4	95%

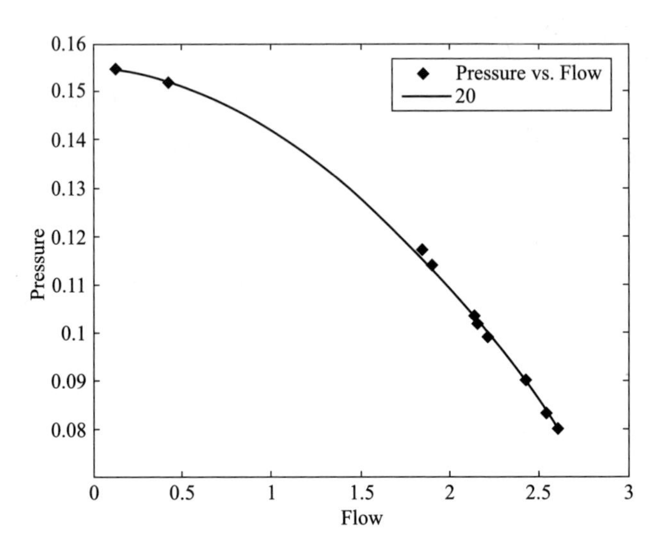

图 5－11　20 号点压力与管网总需水量关系拟合

从表 5－14 的结果能看出来，该模型拟合效果很好，说明 20 号用水点的压力和管网总需水量存在如图 5－11 所示的线性关系，拟合方程为

$$p = -0.012\ 23q^{1.889} + 0.159\ 9 \tag{5-45}$$

通过以上分析得出，各用水点压力与管网总需水量存在 $p = a * q^b + c$ 形式的关系式。若当管网中某用水点的用水量增大时，可能会给其他各工作面水压力造成影响或总供水能力不足，这时可以通过其具体的函数关系式预测其他用水点的压力变化，以便及时地采取措施，保证供水管网的正常运行。下一步要通过实验来验证各用水点关系式的准确性，可以进行各用水点水量增大实验。

5.4.3　实验结果验证

1. 6 号点用水量增大时的压力分布规律

6 号用水点的需水量按照基本需水量的一定比例进行调节。6 号点模拟的综采工作面为采掘工作面中用水量最大的点，管网中存在 2 个综采工作面，因此如果 6 号综采工作面需水量增大少许时，会导致管网总需水量增加较多，而管网的供水能力为 3 m^3/h，此时当 6 号点需水量增加到原来的 1.2 倍时，刚好达到管网最大供水能力，再增加需水量也无法满足该点需水要求。具体测量结果如表 5－15 所示，表中 20 号点括号里的压力为考虑了沿程损失系数后的压力值。

表5-15　6号点需水量增大时各用水点压力情况

6号点需水量/($m^3\cdot h^{-1}$)	管网总需水量/($m^3\cdot h^{-1}$)	用水点压力/MPa			
		6	9	11	20
0.75	2.66	0.072	0.077	0.079	0.081 (0.07)
0.82	2.826	0.063	0.068	0.07	0.073 (0.064)
0.9	2.97	0.054	0.06	0.062	0.064 (0.056)

从表5-15中可以看出当需水量增大到0.9 m^3/h时，6号点、9号点和11号点的水压均低于设计水压，无法达到供水标准。之前已经得出6号点压力与管网总需水量的函数关系为$p=-0.01256q^{1.863}+0.15$，代入管网总需水量，即可计算出6号用水点的压力，具体结果如表5-16所示。

表5-16　6号点需水量计算压力与测量压力误差表

管网总需水量/($m^3\cdot h^{-1}$)	计算压力/MPa	测量压力/MPa	误差/%
2.66	0.0720	0.072	-0.068
2.826	0.0630	0.063	-0.001
2.97	0.0546	0.054	1.035

从表5-16中数据可以看出，通过函数关系式计算出来的压力结果和直接测量的误差均在5%以内，说明该函数关系式能够准确反映6号用水点与管网总需水量的关系，这样在实际管网中，当某工作面用水量发生变化时，可以通过式（5-42）预测出6号用水点压力的变化，及时采取相应措施。保证该工作面的正常供水。将表5-15绘制成柱状图如图5-12所示。

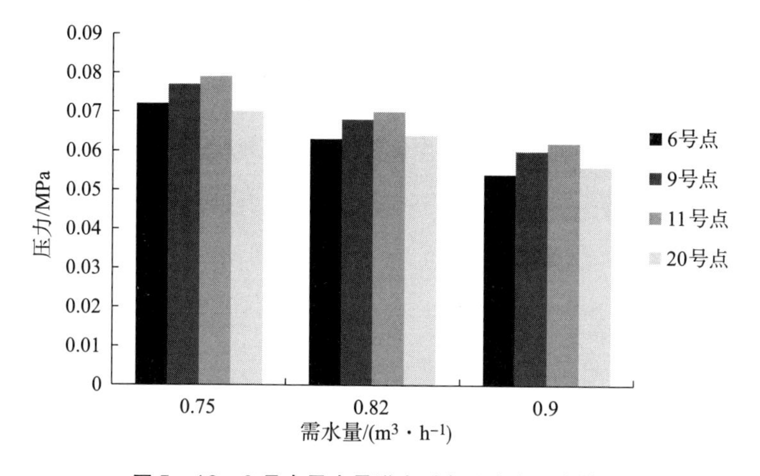

图5-12　6号点需水量增大时各用水点压力情况

从图5－12中可以看出，随着6号点需水量的增大，各用水点的压力均下降，并且下降率也相同。若发生总供水能力不足的情况时，可以考虑6号工作面在其他用水量较小的时刻进行作业或者采用局部加压等方式解决。

2.9号点用水量增大时的压力分布规律

9号用水点的需水量按照基本需水量的一定比例进行调节。9号点模拟的为炮掘工作面，由于需水量较少且管网中仅2个炮掘工作面，所以当需水量增加到原来的2.1倍时，管网总供水量才发生不足。同之前实验操作一样，当9号点用水量增大，测得其他用水点的压力如表5－17所示。

表5－17　9号点需水量增大时各用水点压力情况

9号点需水量/($m^3 \cdot h^{-1}$)	管网总需水量/($m^3 \cdot h^{-1}$)	用水点压力/MPa			
		6	9	11	20
0.19	2.66	0.073	0.078	0.080	0.083（0.072）
0.22	2.71	0.071	0.076	0.078	0.080（0.070）
0.24	2.75	0.068	0.073	0.075	0.078（0.068）
0.26	2.8	0.065	0.070	0.072	0.075（0.065）
0.29	2.85	0.062	0.068	0.070	0.072（0.063）
0.31	2.9	0.060	0.065	0.067	0.070（0.060）
0.34	2.95	0.057	0.062	0.064	0.067（0.058）
0.36	2.99	0.054	0.059	0.061	0.064（0.056）

从表5－17中可以看出当9号点需水量增大到0.26 m^3/h时，6号点水压已低于设计水压；当增大到0.29 m^3/h时，20号点水压也低于设计水压；当增加到0.34 m^3/h时，各用水点水压均低于设计水压，无法达到供水标准。之前已经得出9号点压力与管网总需水量的函数关系为$p=-0.01176q^{1.928}+0.1548$，代入管网总需水量，即可计算出9号用水点的压力，具体结果如表5－18所示。

表5－18　9号点需水量计算压力与测量压力误差

管网总需水量/($m^3 \cdot h^{-1}$)	计算压力/MPa	测量压力/MPa	误差/%
2.66	0.077 3	0.078	0.961
2.71	0.074 4	0.076	2.085
2.75	0.072 1	0.073	1.216
2.8	0.069 2	0.07	1.158
2.85	0.066 2	0.068	2.621
2.9	0.063 2	0.065	2.774
2.95	0.060 1	0.062	3.020
2.99	0.057 6	0.059	2.310

从表5－18中数据可以看出，通过函数关系式计算出来的压力结果和直接测量的误差均在5%以内，说明该函数关系式能够准确反映9号用水点与管网总需水量的关系，这样在实际管网中，当某工作面用水量发生变化时，可以通过式（5－43）预测出9号用水点压力的变化，及时采取措施，保证该工作面的正常运行。将表5－17绘制成柱状图如图5－13所示。

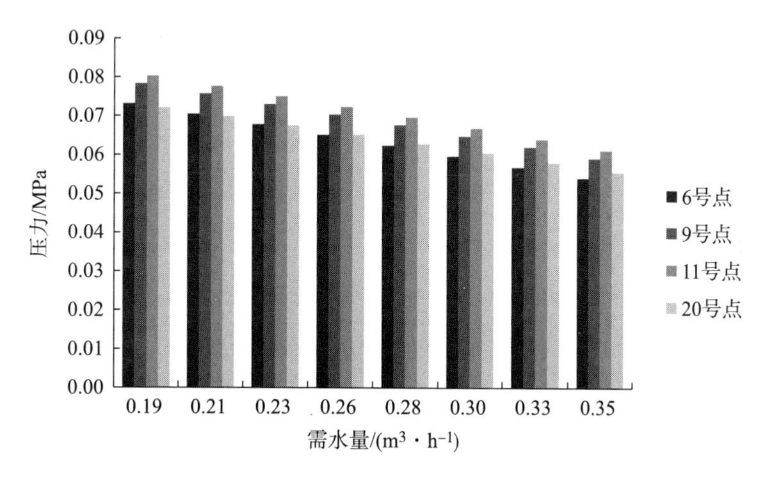

图5－13　9号点需水量增大时各用水点压力情况

从图5－13中可以看出，随着9号点需水量的增大，各用水点的压力均下降，并且下降率也相同。若发生总供水能力不足的情况时，可以考虑9号工作面在其他用水量较小的时刻进行作业或者采用局部加压等方式解决。

3. 11号用水点用水量增大时的压力分布规律

11号用水点的需水量也按照基本需水量的一定比例进行调节。11号用水点模拟的为综掘工作面，该模型管网中仅一个综掘工作面，调节该工作面的需水量对整个矿井总供水量影响较小，因此可以调节很多组变化，当需水量增大至正常情况下的2.1倍时总供水量才发生不足。同之前操作一样，测得各用水点的压力如表5－19所示。

表5－19　11号点需水量增大时各用水点压力情况

11号点需水量 /($m^3 \cdot h^{-1}$)	管网总需水量 /($m^3 \cdot h^{-1}$)	用水点压力/MPa			
		6	9	11	20
0.34	2.65	0.073	0.079	0.081	0.083（0.072）
0.37	2.69	0.072	0.077	0.079	0.081（0.071）

续表

11号点需水量/($m^3 \cdot h^{-1}$)	管网总需水量/($m^3 \cdot h^{-1}$)	用水点压力/MPa			
		6	9	11	20
0.41	2.72	0.070	0.075	0.077	0.080 (0.069)
0.44	2.75	0.068	0.073	0.075	0.078 (0.068)
0.48	2.79	0.066	0.071	0.073	0.076 (0.066)
0.51	2.82	0.064	0.069	0.071	0.074 (0.064)
0.54	2.86	0.062	0.067	0.069	0.072 (0.063)
0.58	2.89	0.060	0.065	0.067	0.070 (0.061)
0.61	2.92	0.058	0.063	0.065	0.068 (0.059)
0.65	2.96	0.056	0.061	0.063	0.066 (0.057)
0.68	2.99	0.054	0.059	0.061	0.064 (0.056)

从表5－19中可以看出，当11号点需水量为0.51 m^3/h时，6号点压力低于设计压力；当增加至0.58 m^3/h时，9号点压力已不足；当继续增至0.61 m^3/h时，11号点自身压力已不足；当再继续增加时，各用水点虽然能出水，但是压力均低于设计压力，影响了供水管网的可靠性，这时可以采取局部增压等措施来解决。之前已经得出11号点压力与管网总需水量的函数关系为$p = -0.011\ 72q^{1.933} + 0.156\ 8$，代入管网总需水量，即可计算出11号用水点的压力，具体结果如表5－20所示。

表5－20　11号点需水量计算压力与测量压力误差

管网总需水量/($m^3 \cdot h^{-1}$)	计算压力/MPa	测量压力/MPa	误差/%
2.65	0.079 4	0.081	1.648
2.69	0.077 1	0.079	2.164
2.72	0.075 4	0.077	1.993
2.75	0.073 6	0.075	1.968
2.79	0.071 3	0.073	2.506
2.82	0.069 5	0.071	2.414
2.86	0.067 1	0.069	3.216
2.89	0.065 2	0.067	3.057
2.92	0.063 4	0.065	2.914
2.96	0.060 9	0.063	3.779
2.99	0.059 0	0.061	3.562

从表5－20中可以看出，压力的计算值与实测值误差相差均在5%以下，说明实验拟合出的函数式能准确表明11号用水点与管网总需水量的函数关系，在实际工程应用中就可以用来预测其压力的变化。将表5－19中数据绘成柱状图如图5－14所示。

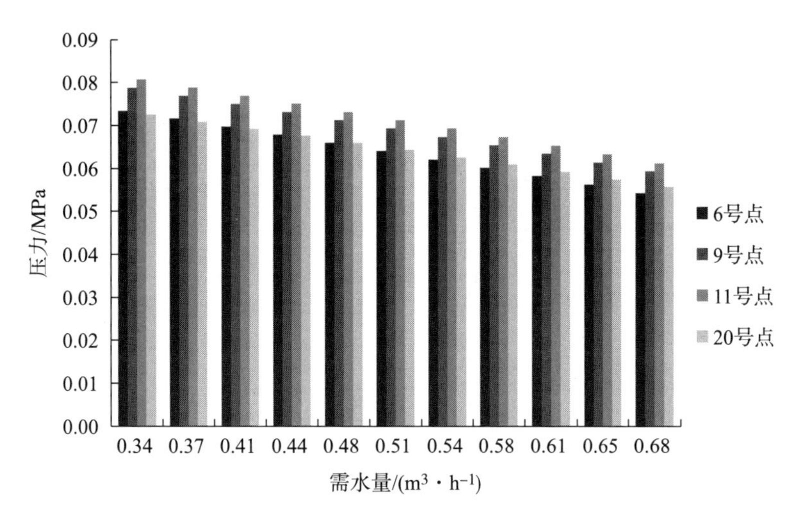

图 5－14　11 号点需水量增大时各用水点压力情况

图 5－14 中呈现的规律与之前其他用水点的相同，即当该用水点需水量增大时，该点的压力减小；总需水量增大时，各点的压力均减小，并且下降率也相同。

4. 20 号用水点用水量增大时的压力分布规律

20 号用水点的需水量按照基本需水量的一定比例进行调节。20 号点模拟的为开拓工作面，虽然需水量较少，但管网中有 4 个开拓工作面，所以当需水量增加到原来的 1.7 倍时，管网总供水量才发生不足。同之前实验操作一样，当 20 号点用水量增大，测得其他用水点的压力如表 5－21 所示。

表 5－21　20 号点需水量增大时各用水点压力情况

20 号点需水量 /($m^3 \cdot h^{-1}$)	管网总需水量 /($m^3 \cdot h^{-1}$)	用水点压力/MPa			
		6	9	11	20
0.16	2.74	0.069	0.074	0.076	0.078（0.068）
0.18	2.8	0.065	0.070	0.072	0.075（0.065）
0.19	2.87	0.061	0.067	0.069	0.071（0.062）
0.21	2.93	0.058	0.063	0.065	0.067（0.059）
0.22	3	0.054	0.059	0.061	0.064（0.055）

从表 5－21 中可以看出当 20 号点需水量增大到 0.17 m^3/h 时，6 号点水压已低于设计水压；当增大到 0.21 m^3/h 时，9 和 11 号点水压也低于设计水压；当增加到 0.24 m^3/h 时，各用水点水压均低于设计水压，无法达到供水标准。

之前已经得出20号点压力与管网总需水量的函数关系为 $p = -0.01223q^{1.889} + 0.1599$，代入管网总需水量，即可计算出20号用水点的压力，具体结果如表5－22所示。

表5－22　20号点需水量计算压力与测量压力误差

管网总需水量/($m^3 \cdot h^{-1}$)	计算压力/MPa	测量压力/MPa	误差/%
2.74	0.077 8	0.078	0.255
2.8	0.074 4	0.075	0.837
2.87	0.070 3	0.071	1.002 6
2.93	0.066 7	0.067	0.423
3	0.062 55	0.064	2.396

从表5－22中数据可以看出，通过函数关系式计算出来的压力结果和直接测量的误差均在5%以内，说明该函数关系式能够准确反映20号用水点与管网总需水量的关系，这样在实际管网中，当某工作面用水量发生变化时，可以通过式（5－45）预测出该用水点压力的变化。将表5－21绘制成柱状图如图5－15所示。

从图5－15中可以看出，随着20号点需水量的增大，各用水点的压力均下降，并且下降率也相同。若发生总供水能力不足的情况时，可以考虑20号工作面在其他用水量较小的时刻进行作业或者采用局部加压等方式解决。

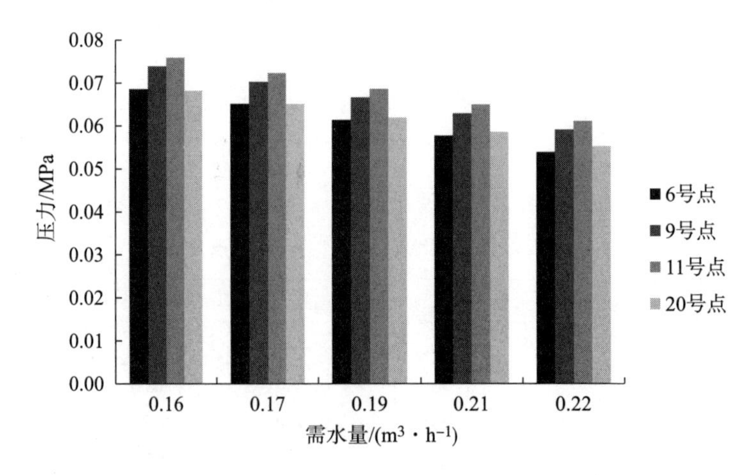

图5－15　20号点需水量增大时其他用水点压力情况

通过以上实验得出了不同工作面的水压与用水量的关系式，这样在实际应用中，当需水量发生变化时，可以通过函数式预测一下压力的变化，以便及时采取相应增压措施，保证工作面正常供水。

第 6 章　矿井防尘供水管网用水量预测

矿井防尘用水量是设计防尘供水系统的重要依据，取水设施、净水设施、泵站和防尘管网的规模，均由设计用水量确定，设计用水量直接影响着供水系统的建造投资和运行费用。防尘供水系统的设计流量计算包括矿井开采规划期内用水量和工程设计最高日最高时用水量估算。前者主要用以预测远期供水规模以及水源水量是否满足系统远期规划的供水要求，后者配合 24 h 用水量变化曲线将作为确定系统中各构筑物设计流量的主要依据。

通过观测、统计和分析发现，短期防尘用水量的变化具有周期性、随机性和相对平稳性；长期防尘用水量的变化具有随机性和明显的趋势化，由此防尘用水量预测一般分为两类：长期预测和短期预测。防尘用水量长期预测是根据矿井规模及产量增长速度对未来几年、十几年甚至更长时间的防尘用水量做出预测，以此为防尘管网设计及矿井建设规划提供依据。防尘用水量短期预测是根据过去几天、几周的实际防尘用水量对未来几小时、一天或几天的防尘用水量做出预测，以此为防尘管网运行可靠性评价提供依据。

本章首先根据矿井各生产环节防尘用水使用情况，计算防尘管网设计用水量，并根据实际矿井防尘用水量观测数据，应用经粒子群算法优化后的神经网络方法和自动调节平滑参数的指数平滑法进行防尘用水量的预测。

6.1　用水量预测模型分析

用水量预测是进行矿井发展规划、水源规划、防尘管网布局以及节水措施选择的重要依据，是供水管网优化设计与运行可靠性评价的基础和前提。影响用水量的因素很多，虽然各矿井的情况千差万别，但仍然存在一些共同的用水量变化趋势，包括用水量随产量增长而增长，随生产工艺不同而不同，随着降尘要求提高而增长及随防尘设施效率提高而降低。

采掘工作面作为矿井防尘集中用水点，具有用水量大、用水设施集中的特点，是矿井用水量的主要构成因素。研究采掘工作面用水量及用水量规律，对掌握矿井用水量变化规律具有非常重要的意义。矿井用水量预测不仅有助于评价供水管网运行的可靠性，还可以有效地指导供水管网的优化设计。此外采掘工作面用水量变化规律作为管网模型的一个关键参数，是管网建模的必要条件，采掘工作面用水量变化规律研究对于供水系统设计具有如下三点意义：

(1) 采掘工作面用水量及变化规律直接影响到供水管网模型的计算精度。

(2) 采掘工作面用水量变化规律是供水可靠运行的重要影响因素，保证采掘工作面的水量、水压要求是供水管网的首要任务。

(3) 研究供水管网用水量变化规律可以有效地指导生产、调度，按照用水量变化曲线规律供水，既可以完成供水任务，又可以节省运行费用。

根据用水设施不同，将采掘工作面防尘用水分为五类：综采工作面防尘用水、炮采工作面防尘用水、综掘工作面防尘用水、炮掘工作面防尘用水和开拓工作面防尘用水。通过对各类采掘工作面用水情况的实测及对实测用水量数据进行分析处理，寻找采掘工作面用水量变化规律，依据各类采掘工作面占矿井用水量比例，即可得到矿井用水量变化规律，实现矿井用水量的预测，用水量观测数据通常要经过如下三个步骤找到适合的预测模型：

（1）观测数据模式识别。识别用水量观测数据模式的基本方式是自相关分析，即识别用水量观测数据的基本特征，包括平稳性、趋势、季节性、交变性和随机性，通过用水量观测数据模式识别，即可选择相应的预测方法进行用水量预测。

（2）预测模型参数设置。选定用水量预测模式后，可应用最小二乘法的原则设置预测模型的最优参数，使得预测模型误差的平方和即均方差（MSE）最小。

（3）预测模型有效性检验。用水量预测模型建立后，还不能立即应用于实际预测，尚需验证模型的有效性。用水量预测模型的检验方法是利用模型对已知的历史数据进行拟合，即“事后预测”。

分析模型误差项是否具有随机性，如是随机误差则模型有效；如不是随机误差，说明误差项隐含着某种模型、存在系统偏差，则模型无效，需选择其他可以保证模型误差随机性的预测模型。经过模型有效性检验的用水量预测模型即可进行实际用水量预测，预测时应根据用水量模型的特点和用水量数据的性质，考虑用水量预测的最远期限。防尘用水量预测模型建立流程如图6－1所示。

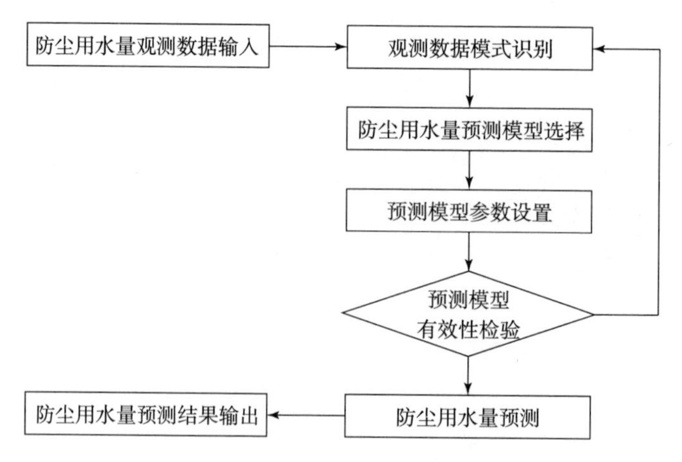

图6－1　防尘用水量预测模型建立流程

基于对用水量观测数据模式的自相关分析，本文分别采用时间序列分析法和神经网络预测方法进行矿井防尘用水量的短期预测，为进行防尘管网水力工况分析和运行可靠性分析提供必要的基础数据。

6.2　基于时间序列分析法的防尘管网用水量预测

6.2.1　时间序列分析法

时间序列分析法是一种分析各种相依有序的离散数据序列（离散数据集合）的方法。例如，对防尘管网每小时（或每日、每月、每年）的防尘用水量进行观测记录，即得到防尘用水量的时用水量（或日用水量、月用水量、年用水量）的离散有序数列：

$$Q(t_1),\ Q(t_2),\ \cdots,\ Q(t_i),\ \cdots,\ Q(t_N) \tag{6-1}$$

式中，$Q(t_i)$ ——第 i 个防尘用水量观测记录，m^3/h；

N——防尘用水量观测记录总数。

其中 $t_1<t_2<\cdots<t_i<\cdots<t_N$，取 $t_2-t_1=t_3-t_2=\cdots=t_i-t_{i-1}$。

时间序列分析法认为时间序列中的每一个数据都反映了所有影响因素综合作用的结果，整个时间序列反映了所有影响因素综合作用下预测对象的变化过程，并且假设预测对象的变化仅与时间有关，预测过程只依赖于历史观测数据及其数据模式，从而使预测研究更为直接、快捷。

通常很难用一个完全确定的函数或函数组来描述时间序列，但时间序列大都具有统计规律性，可以通过概率分布函数或函数组对时间序列规律做统计描述。分析时间序列的统计规律性，可以构造拟合最优预测模型，浓缩时间序列信息，简化对时间序列的表示；并可利用拟合的预测模型预报时间序列未来的可能取值，得到预测结果的精度分析，使得时间序列分析法成为参数预测工作中一项强有力的工具。

时间序列将系统看成是一个“黑箱”，不考虑影响系统的运行因素，这种分析方法是基于两个现实原因：一是对一个系统往往不知道其运行机理，有些情况虽然了解系统运行机理但仍难以准确的度量；二是有时只关注观测和预测结果，并不关注系统运行过程。

时间序列分析法着重研究对预测对象的历史观测数据及观测数据模式，分析步骤如下：

（1）将所有观测数据按时间先后排序，形成数据序列。

（2）对观测数据进行整理描述，例如用图形表达。

（3）选择适当的数理统计方法对时间序列加以解释，确定观测数据模式。

（4）依据观测数据模式建立预测模型，进行预测。

（5）进行预测残差序列分析，必要时修正预测模型，直至残差序列为随机误差序列为止。

（6）根据预测结果完成决策。

实践证明，将防尘用水量时间序列做适当的处理可大大提高预测精度，并减少计算工作量。对短期预测来说，防尘供水系统的用水量时间序列分日用水量时间序列和时用水量时间序列，两者都具有明显的周期性，其中最显著的是日用水量以一周为周期和时用水量以一天为周期的周期性变化。

时间序列分析法主要包括指数平滑法、自回归移动平均模型和灰色预测法等，前两种方法适用于短期预测，灰色预测法适用于中长期预测。

6.2.2 模型建立

指数平滑法是最常用的预测方法，其预测的基本原理是历史时间越近对未来的影响越大和不断根据预测误差纠正预测值的“误差反馈”原理。指数平滑法的基本概念是，假设时间序列具有某种特性，即具有某种基本数据模式，而这些观测数据既体现着这种基本数据模式，又反映着随机波动特性。指数平滑法的目标是，采用“修匀”历史数据来区别基本数据模式和随机波动。指数平滑法包括，移动算术平均法、单指数平滑法和自动调整平滑参数的单指数平滑法等。

1. 移动算术平均法

时间序列分析法中，数据是按时间顺序排列的，每一个数据都是从相同的时间间隔里产生的。如采用简单的算术平均来预测结果很不理想，采用移动算术平均法预测却是一种可行的方法。虽然移动算术平均法的预测精度不高，但其随时间推移的特点，反映了时间序列的变化本质，并且计算方法简单。

设当前时期为 t，已知时间序列观测数据为 x_1，x_2，…，x_t，假设采用连续 n 个时期的观测数据的平均值作为对下一时期，即 $t+1$ 时期的预测值，以 F_{t+1} 表示为

$$F_{t+1}=\frac{1}{n}\left(x_t+x_{t-1}+\cdots+x_{t-n+1}\right) \tag{6-2}$$

当 $n=1$ 时，即为直接采用本期观测数据作为对下一时期的预测值。移动

算术平均法的优点是计算简单，缺点是需要的历史数据较多，n 值的大小即间隔几个时期计算一次平均值不易确定，且只适用于平稳时间序列，平稳时间序列是指用水量总是保持在一定水平上下波动，其平均值不随时间变化的时间序列。当时间序列的基本数据不稳定时，移动算术平均法不能很快适应这种变化，因此移动算术平均法只适用于平稳时间序列的短期预测。

2. 单指数平滑法

单指数平滑法是从移动算术平均法演变而来的，其优点是不需要较多的历史数据，只需提供最近时期的观测数据 x_t 和这一时期的预测误差 $e_t=(x_t-F_t)$，即可以对未来时期进行预测，由式（6－2）可得

$$F_t=\frac{1}{n}(x_{t-1}+x_{t-2}+\cdots+x_{t-n}) \tag{6-3}$$

$$F_{t+1}=\frac{1}{n}(x_t+x_{t-1}+\cdots+x_{t-n+1})=\frac{1}{n}(x_t+x_{t-1}+\cdots+x_{t-n+1}+x_{t-n}-x_{t-n}) \tag{6-4}$$

由式（6－3）、式（6－4）可得

$$F_{t+1}=\frac{1}{n}(x_t+x_{t-1}+\cdots+x_{t-n+1}+x_{t-n}-x_{t-n})=\frac{1}{n}x_t+F_t-\frac{1}{n}x_{t-n} \tag{6-5}$$

对于平稳时间序列，可以用 F_t 代替 x_{t-n}，则式（6－5）转化为

$$F_{t+1}=\frac{1}{n}x_t+F_t-\frac{1}{n}F_t=\frac{1}{n}x_t+\left(1-\frac{1}{n}\right)F_t \tag{6-6}$$

当 $n=1$ 时，有 $\frac{1}{n}=1$，$F_{t+1}=x_t$，即下一时期预测值≈本期观测值；当 n 非常大时，有 $\frac{1}{n}\to 0$，$F_{t+1}=F_t$，即下一时期预测值≈本期预测值。因为 n 为正整数，以 a 代替 $\frac{1}{n}$，则 $0<a<1$，式（6－6）可转化为

$$F_{t+1}=ax_t+(1-a)F_t \tag{6-7}$$

式中，a——平滑常数。

式（6－7）为单指数平滑法的一般表示式，只需本期观测值 x_t、本期预测值 F_t 和平滑常数 a，即可以进行下一期预测，将时间序列观测数据 x_1，x_2，…，x_t 代入式（6－7），得

$$F_{t+1}=ax_t+a(1-a)x_{t-1}+a(1-a)^2x_{t-2}+\cdots+a(1-a)^nx_{t-n} \tag{6-8}$$

式中，a——x_t 的权数；

$a(1-a)$——x_{t-1} 的权数；

$a(1-a)^2$——x_{t-2}的权数；

$a(1-a)^n$——x_{t-n}的权数。

这些权数随指数的增加而减少，逐渐趋近于零，即指数平滑的含义。

当平滑常数 a 值较大即 n 值较小时，预测值 F_{t+1}可以较快地反映出时间序列的变化情况，且对变化程度较大的时间序列比较敏感。当平滑常数 a 值较小即 n 值较大时，预测值 F_{t+1}对时间序列的变化情况反映较慢，但预测结果比较平滑。通常单指数平滑法适用于平稳时间序列，在对一个时间序列运用单指数平滑法预测时，首先应采用自相关分析法对时间序列进行识别，确定预测对象为平稳时间序列，平滑常数值的确定可采用最小均方差原则。

3. 自动调整平滑参数的单指数平滑法

为解决单指数平滑法对时间序列多时期观测时间序列变化反映缓慢的缺点，引进“追踪信号”反映时间序列的变化，当追踪信号大于某一特定值时，可以在一定置信范围内推断预测过程中存在的系统偏差。追踪信号反映出预测过程中有系统偏差，代表时间序列发生了变化，如果预测模型可以自动响应这种变化，对预测加以调整，问题就可以得到合理的解决，具体调整方法是重新修正平滑常数 a 的取值，上述解决方法即为自动调整平滑参数的单指数平滑法，在此 a 不再是固定不变的常数，而是随每一时期实际观测值变化而自动调整的变量。自动调整平滑参数的单指数平滑法计算步骤如下：

（1）计算 t 时期预测的平滑误差 E_t

$$E_t=\beta e_t+(1-\beta)E_{t-1} \tag{6-9}$$

式中，β——用于计算平滑误差的平滑常数，称为“第二平滑常数”，取0.1或0.2；

e_t——平滑误差。

（2）计算 t 时期预测的绝对平滑误差 M_t

$$M_t=\beta|e_t|+(1-\beta)M_{t-1} \tag{6-10}$$

（3）计算追踪信号 T_t

$$T_t=E_t/M_t \tag{6-11}$$

（4）计算 t 时期的平滑参数

$$a_t=|T_t| \tag{6-12}$$

（5）对（$t+1$）时期进行预测

$$F_{t+1}=a_tx_t+(1-a)F_t \tag{6-13}$$

在应用自动调整平滑参数的单指数平滑法预测模型时，需要计算初始值，并已知前两个时期的观测值，即已知 x_1，x_2。自动调整平滑参数的单指数平滑法最大的优点是不需要预先确定平滑参数，而且可以较快地适应时间序列的变化。

综上针对矿井防尘用水的特点，选择自动调整平滑参数的单指数平滑法进行矿井防尘用水量的短期预测。

6.2.3 实例应用

由自动调整平滑参数的矿井防尘用水量单指数平滑预测模型，为得到C矿防尘用水量变化情况，需已知防尘用水量历史观测数据，对C矿主要采掘工作面防尘时用水量和矿井防尘时用水量进行了一周的连续观测，如图6－2所示。

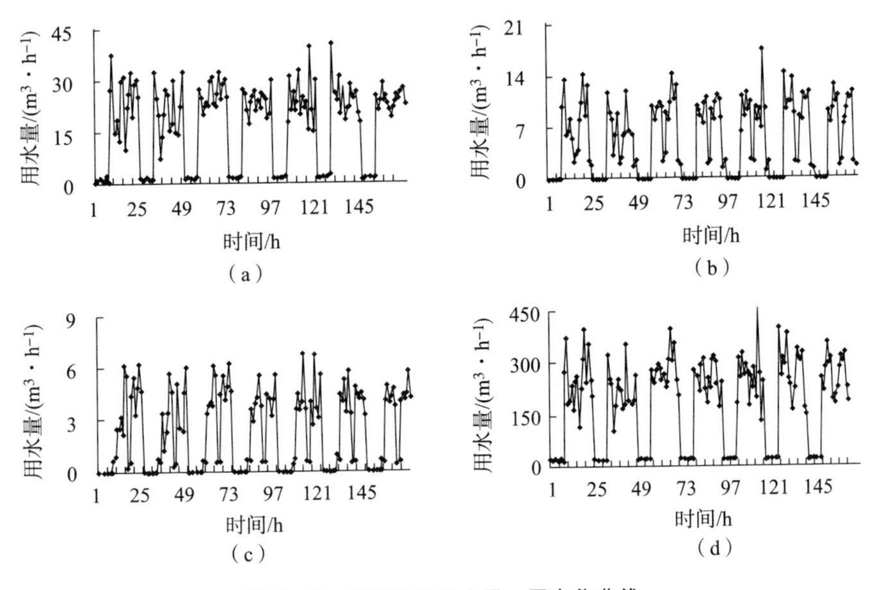

图6－2 C矿防尘用水量一周变化曲线

(a) 综采工作面防尘用水量变化曲线；(b) 综掘工作面防尘用水量变化曲线；
(c) 开拓工作面防尘用水量变化曲线；(d) 矿井防尘用水量变化曲线

由图6－2得到C矿各采掘工作面防尘用水量和矿井防尘用水量随时间表现出明显的日周期性变化规律，为预测C矿下一日24 h段防尘用水量，以每日固定时段用水量一周观测数据为时间序列，对下一日各时段用水量分别进行预测，并以矿井总用水量一周观测数据为时间序列，预测下一日用水量。

已知C矿一周每日固定时段防尘用水量观测数据，应用自动调整平滑参数的单指数平滑法预测模型，预测得到C矿下一时期24 h防尘用水量变化情况。图6－3所示为C矿一周防尘用水量观测中，每日早8点防尘用水量变化曲线，图6－4所示为C矿一周防尘用水量观测中，每日防尘用水量变化曲线，预测

C 矿下一时期 24 h 矿井防尘用水量如图 6－5 所示，预测 C 矿下一日防尘用水量如表 6－1 所示。

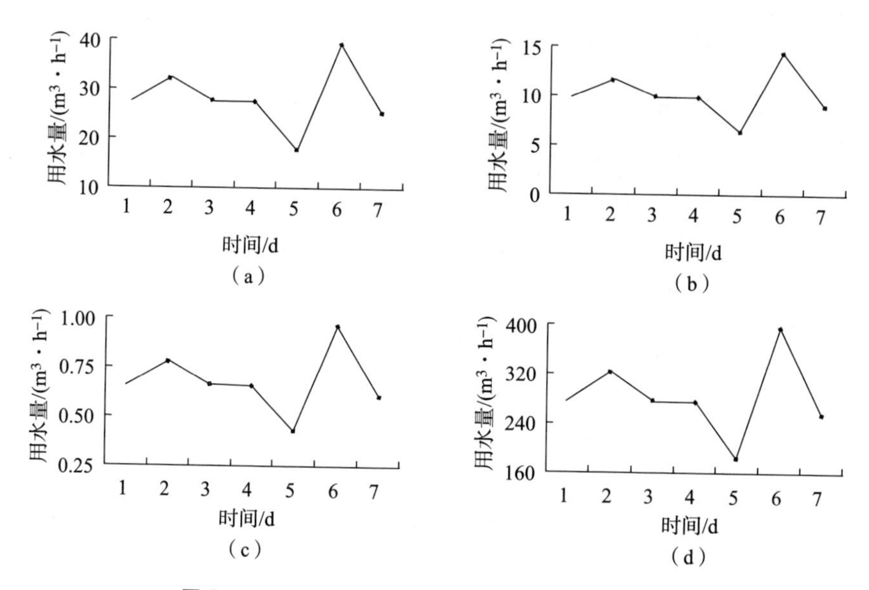

图 6－3　C 矿每日早 8 点防尘用水量一周变化曲线

(a) 综采工作面防尘用水量变化曲线；(b) 综掘工作面防尘用水量变化曲线；
(c) 开拓工作面防尘用水量变化曲线；(d) 矿井防尘用水量变化曲线

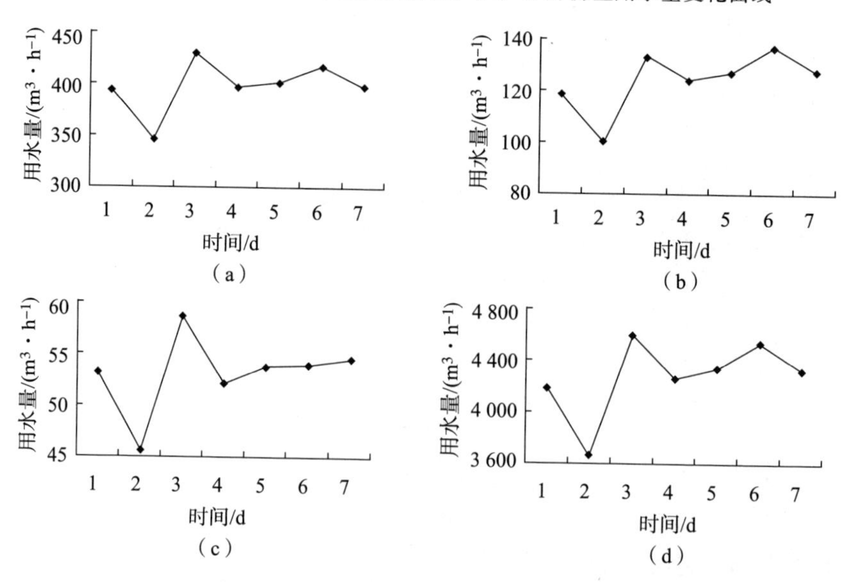

图 6－4　C 矿日防尘用水量一周变化曲线

(a) 综采工作面防尘用水量变化曲线；(b) 综掘工作面防尘用水量变化曲线；
(c) 开拓工作面防尘用水量变化曲线；(d) 矿井防尘用水量变化曲线

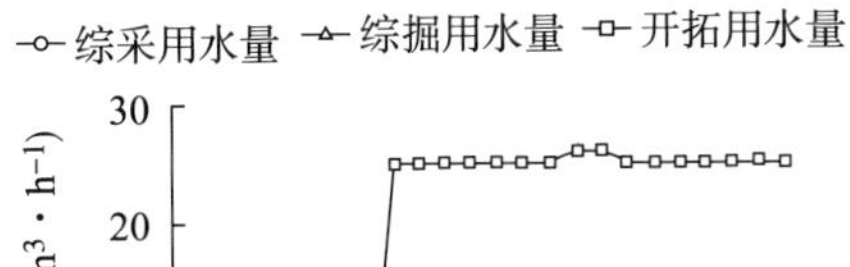

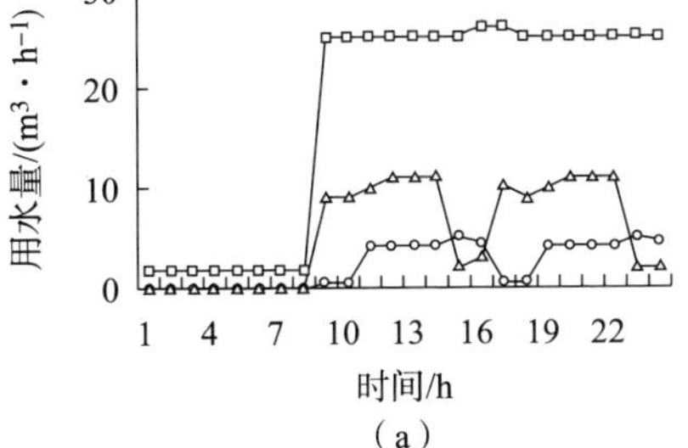

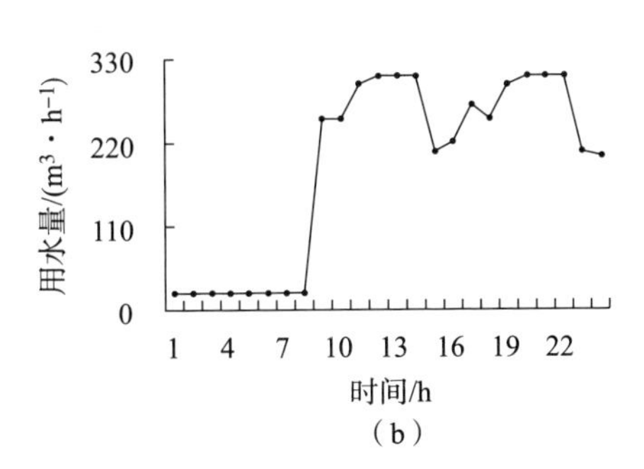

图 6－5　C 矿防尘用水量 24 h 预测

(a) 采掘工作面防尘用水量预测；(b) 矿井防尘用水量预测

表 6－1　C 矿日防尘用水量预测

防尘用水类型	1193 综采工作面	2171 综掘工作面	－850 开拓工作面	矿井总用水量
预测水量/($m^3 \cdot d^{-1}$)	398.32	124.06	53.14	4 275.34

以 C 矿矿井日防尘用水量预测为例，计算应用自动调整平滑参数的单指数平滑法预测结果误差，如表 6－2 所示，由表 6－2 得到防尘用水量预测结果误差绝对值小于 4%，说明预测结果较精确。

表 6－2　C 矿矿井日防尘用水量预测结果误差分析

观测序号 t	实测值 x_t	预测值 F_t	预测误差 e_t	预测相对误差 P_t	平滑参数 a_t
2	3 660.14	3 798.58	－138.44	－0.037	1.000
3	4 594.86	4 427.45	167.41	0.036	0.633
4	4 266.13	4 130.28	135.85	0.032	0.367
5	4 341.89	4 204.41	137.48	0.032	0.357
6	4 540.43	4 441.16	99.27	0.022	0.230
7	4 333.17	4 436.80	－103.63	－0.024	0.119

对 D 矿主要采掘工作面防尘时用水量和矿井防尘时用水量进行了一周的连续观测，如图 6－6 所示。

由图 6－6 得到 D 矿各采掘工作面防尘用水量和矿井防尘用水量随时间表现出明显的日周期性变化规律。

为预测 D 矿下一日 24 h 段防尘用水量，以每日固定时段用水量一周观测数据为时间序列，对下一日各时段用水量分别进行预测，并以矿井总用水量一周观测数据为时间序列，预测下一日用水量。

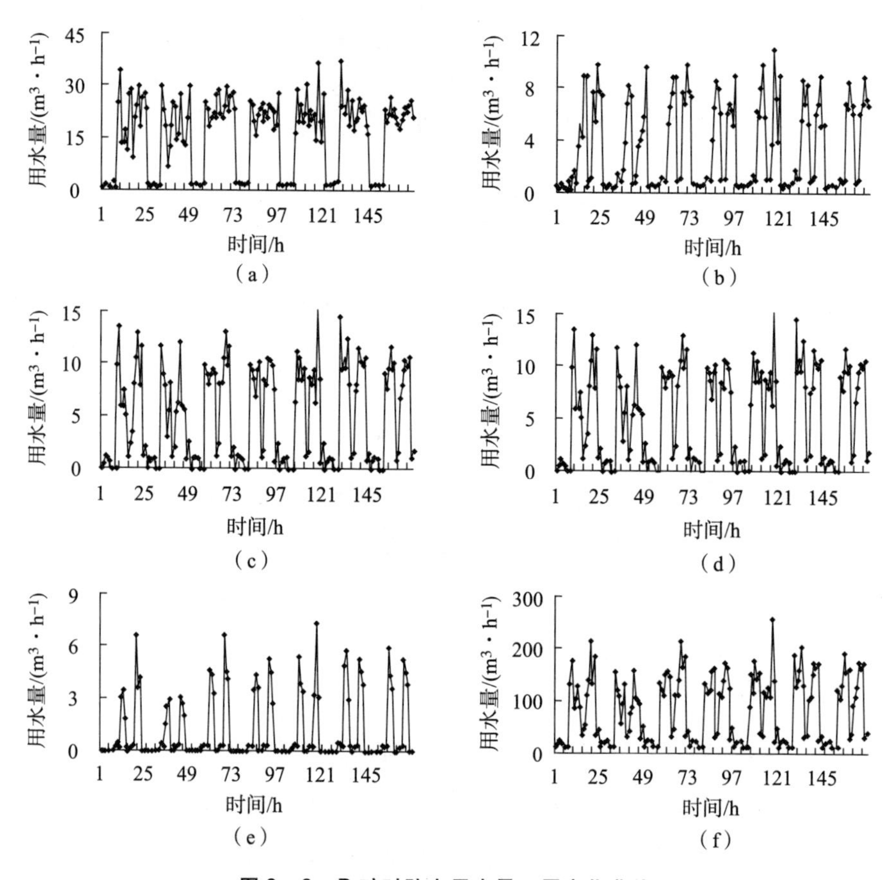

图 6－6　D 矿时防尘用水量一周变化曲线

(a) 综采工作面防尘用水量变化曲线；(b) 炮采工作面防尘用水量变化曲线；
(c) 综掘工作面防尘用水量变化曲线；(d) 炮掘工作面防尘用水量变化曲线；
(e) 开拓工作面防尘用水量变化曲线；(f) 矿井工作面防尘用水量变化曲线

已知 D 矿一周每日固定时段防尘用水量观测数据，应用自动调整平滑参数的单指数平滑法预测模型，预测得到 D 矿下一时期 24 h 防尘用水量变化情况。图 6－7 所示为 D 矿一周防尘用水量观测中，每日早 8 点防尘用水量变化曲线。图 6－8 所示为 D 矿一周防尘用水量观测中，每日防尘用水量变化曲线。预测 D 矿下一时期 24 h 矿井防尘用水量如图 6－9 所示，预测 D 矿下一日防尘用水量如表 6－3 所示。

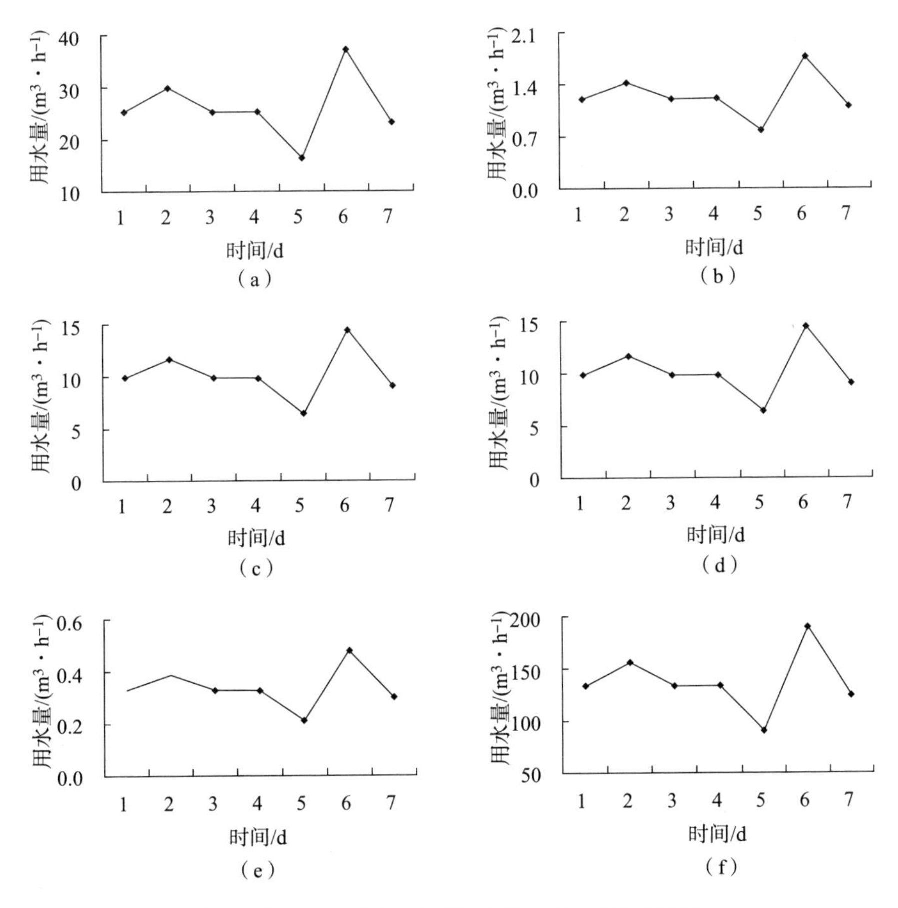

图6-7　D矿每日早8点防尘用水量一周变化曲线

(a) 综采工作面防尘用水量变化曲线；(b) 炮采工作面防尘用水量变化曲线；
(c) 综掘工作面防尘用水量变化曲线；(d) 炮掘工作面防尘用水量变化曲线；
(e) 开拓工作面防尘用水量变化曲线；(f) 矿井工作面防尘用水量变化曲线

表6-3　D矿日防尘用水量预测

防尘用水类型	预测水量/ $(m^3 \cdot d^{-1})$	防尘用水类型	预测水量/ $(m^3 \cdot d^{-1})$
3237 综采工作面	367.66	2037 西三炮掘	118.48
2037 东三炮采工作面	78.74	3302 开拓工作面	26.06
3139 西中综掘	152.90	矿井总用水量	1 947.32

计算D矿矿井日防尘用水量预测结果误差如表6-4所示，由表6-4得到防尘用水量预测结果误差绝对值小于3%，说明预测结果较精确。由此结合D矿矿井一周防尘用水量观测数据，应用自动调整平滑参数的单指数平滑法预测模型，预测了D矿下一时期24 h采掘工作面防尘用水量和矿井防尘用水量。

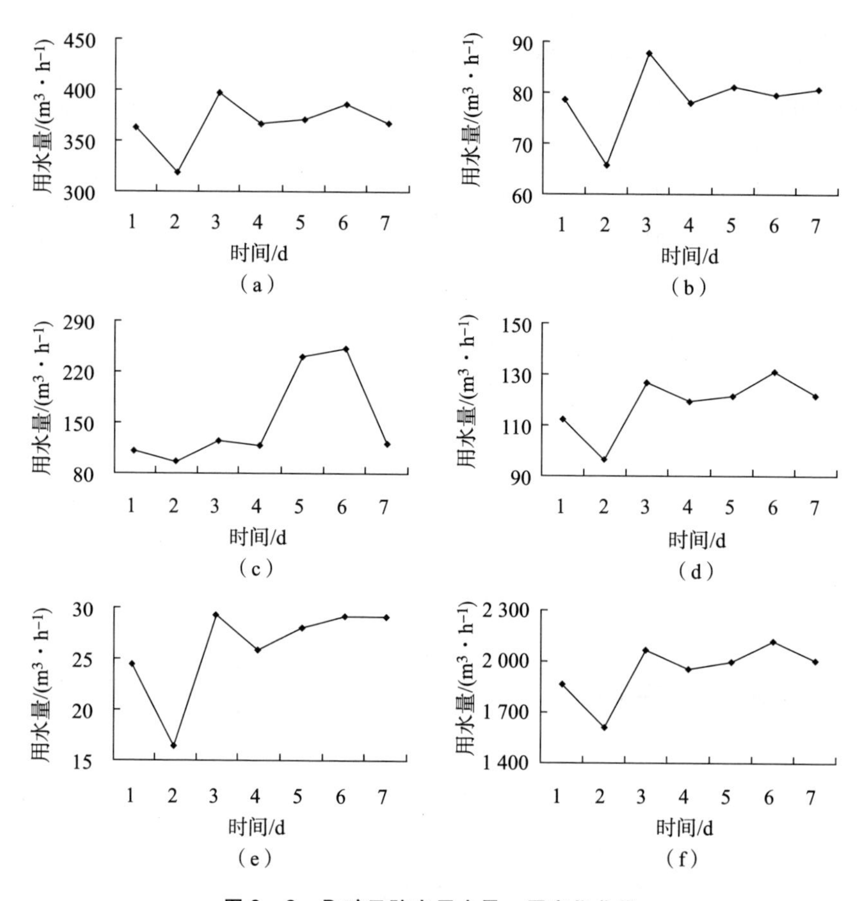

图 6－8　D 矿日防尘用水量一周变化曲线

(a) 综采工作面防尘用水量变化曲线；(b) 炮采工作面防尘用水量变化曲线；(c) 综掘工作面防尘用水量变化曲线；(d) 炮掘工作面防尘用水量变化曲线；(e) 开拓工作面防尘用水量变化曲线；(f) 矿井工作面防尘用水量变化曲线

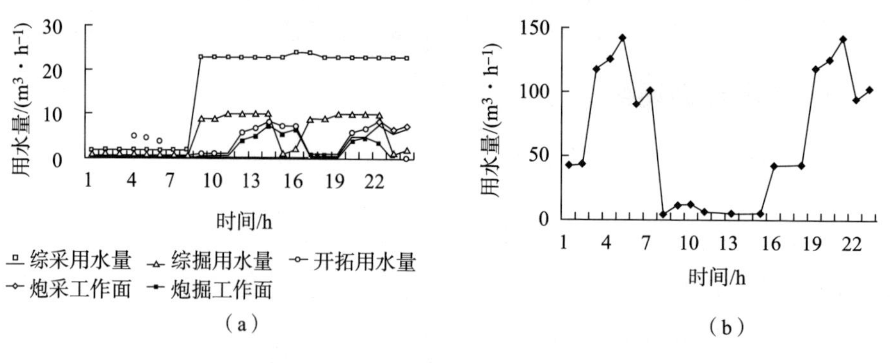

图 6－9　D 矿防尘用水量 24h 预测

(a) 采掘工作面防尘用水量预测；(b) 矿井防尘用水量预测

表 6－4　D 矿矿井日防尘用水量预测结果分析

观测序号 t	实测值 x_t	预测值 F_t	预测误差 e_t	预测相对误差 P_t	平滑参数 a_t
2	1 615.07	1 639.87	－24.80	－0.015 4	1.000
3	2 070.85	2 048.92	21.93	0.010 6	0.321
4	1 956.16	1 902.07	54.09	0.027 6	0.367
5	1 997.72	1 976.94	20.78	0.010 4	0.211
6	2 119.15	2 058.43	60.71	0.028 7	0.298
7	2 007.67	2 063.41	－55.74	－0.027 8	0.312

综上，应用自动调节平滑参数的指数平滑法较好地预测了 C 矿、D 矿采掘工作面防尘用水量和矿井防尘用水量，为进行防尘管网运行可靠性评价提供了依据。

6.3　基于神经网络法的防尘管网用水量预测

影响用水量的因素较多，各影响因素与用水量数据之间并无确定的数量关系，难以用一般的回归模型进行描述。而神经网络具有很强的非线性映射能力、柔性网络能力以及高度的容错性和鲁棒性，适用于非线性问题的研究，特别是 BP 网络近年来广泛用于模式识别、预测估计等领域并取得较好效果，但其寻优过程较慢，且容易陷于局部最小。基于 PSO－BP 的用水量预测可以有效解决陷入局部最小解的问题，因此下面采用 PSO－BP 的模型进行用水量预测。

6.3.1　BP 神经网络

人工神经网络（Artificial Neural Networks）是由大量简单的基本元件——神经元相互连接，通过模拟人的大脑神经处理信息的方式，进行信息并行处理和非线性转换的复杂网络。前向反馈（Back Propagation，BP）和径向基（Radical Basis Function，RBF）网络是目前技术最成熟、应用范围最广泛的两种网络。其中 BP 模型具有结构严谨、思路清晰、可操作性强，工作状态稳定的特点，现实世界中的许多问题：模式识别、图像处理、系统辨识、非线性映射、函数拟合、优化计算、复杂系统仿真、最优预测和自适应控制等，都可以转化成

BP 神经网络形式来处理。因此 BP 神经网络是目前应用频率最高神经网络模型。

1. BP 神经网络模型

BP 神经网络是一种具有三层或者三层以上神经元的网络，由输入层、中间层（隐含层）和输出层组成。上下层之间实现全连接，而同一层的神经元之间无连接。BP 网络模型输入层节点数等于输入样本的变量个数（即 X_1、X_2、…、X_n），输出层节点数等于向外输出变量个数（即 Z_1、Z_2、…、Z_t）。当一对学习样本提供给输入神经元后，神经元的激活值（该层神经元输出值）从输入层经过各隐含层向输出层传播。BP 网络的结构如图 6 – 10 所示。

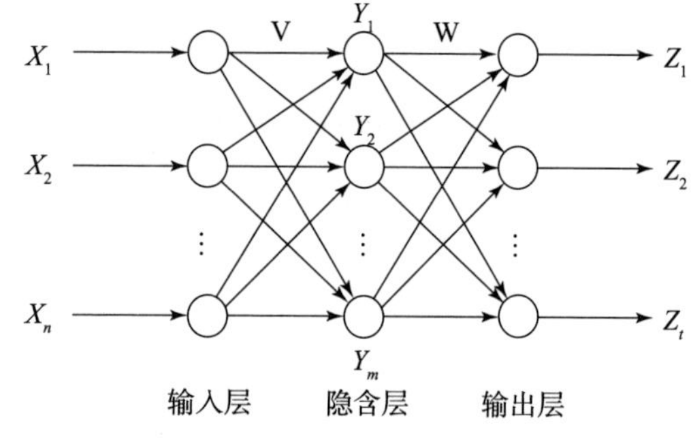

图 6 – 10　BP 神经网络结构图

2. BP 神经网络算法

BP 算法由数据流的向前计算（正向传播）和误差信号的反向计算（反向传播）两个过程构成。正向传播时，传播方向为输入层到隐藏层再到输出层，每层神经元的状态只影响流程。通过这两个过程交替进行，在权向量空间执行误差函数梯度下降策略，动态迭代搜索一组权向量，使网络误差函数达到最小值，从而完成信息提取和记忆过程。

1）正向传播

设输入层结点数为 n，输入向量为 $\boldsymbol{X}=(x_1, x_2, \cdots, x_n)^{\mathrm{T}}$，隐含层结点数为 m，隐含层输出向量为 $\boldsymbol{Y}=(y_1, y_2, \cdots, y_m)^{\mathrm{T}}$，输出层结点数为 t，输出层输出向量为 $\boldsymbol{Z}=(z_1, z_2, \cdots, z_t)^{\mathrm{T}}$，期望输出向量为 $\boldsymbol{D}=(d_1, d_2, \cdots, d_t)^{\mathrm{T}}$。输入层第 i 个节点到隐含层第 j 个节点的连接权记为 v_{ij}；隐含层第 j 个节点到输出层第 k 个节点的连接权记为 w_{jk}；隐含层第 j 个节点的阈值记为 γ_j，输出层第 k 个节点的阈值记为 θ_k。

输出层第 k 个神经元的输入输出分别为

$$z_k = f(net_k) \tag{6-14}$$

$$net_k = \sum_{j=1}^{m} w_{jk} y_j - \theta_k \qquad k = 1, 2, \cdots, t \tag{6-15}$$

隐含层第 j 个神经元的输入输出分别为

$$y_j = f(net_j) \tag{6-16}$$

$$net_j = \sum_{i=1}^{n} v_{ij}x_i - \gamma_j \qquad j = 1,2,\cdots,m \tag{6-17}$$

其中 $f(x)$ 为传递函数，比如 Sigmoid 函数，$f(x)$ 函数连续且可导。

2）反向传播

当网络实际输出与期望输出不等时，存在输出误差 E，公式如下

$$E = \frac{1}{2}(D - Z)^2 = \frac{1}{2}\sum_{k=1}^{t}(d_k - z_k)^2 \tag{6-18}$$

将输出层和隐含层公式代入误差计算公式中，即

$$\begin{aligned} E &= \frac{1}{2}\sum_{k=1}^{t}[d_k - f(net_k)]^2 = \frac{1}{2}\sum_{k=1}^{t}\left[d_k - f\left(\sum_{j=1}^{m} w_{jk}y_j - \theta_k\right)\right]^2 \\ &= \frac{1}{2}\sum_{k=1}^{t}\left\{d_k - f\left[\sum_{j=1}^{m} w_{jk}f(net_j) - \theta_k\right]\right\}^2 \\ &= \frac{1}{2}\sum_{k=1}^{t}\left\{d_k - f\left[\sum_{j=1}^{m} w_{jk}f\left(\sum_{i=1}^{n} v_{ij}x_i - \gamma_j\right) - \theta_k\right]\right\}^2 \end{aligned} \tag{6-19}$$

E 是权值连接 v_{ij}、w_{jk}的函数，因此可以通过调整神经网络各层权值来改变误差 E，使得 E 不断的减小，使权值的调整量与误差的负梯度成正比。

输出层一般误差信号 δ_{zk}：

$$\delta_{zk} = -\frac{\partial E}{\partial net_k} = -\frac{\partial E}{\partial z_k}\frac{\partial z_k}{\partial net_k} = -\frac{\partial E}{\partial z_k}f'(net_k) = (d_k - z_k)f'(net_k) \tag{6-20}$$

隐含层一般误差信号 δ_{yj}：

$$\begin{aligned} \delta_{yj} &= -\frac{\partial E}{\partial net_j} = -\frac{\partial E}{\partial y_j}\frac{\partial y_j}{\partial net_j} \\ &= -\frac{\partial E}{\partial y_j}f'(net_j) \\ &= \left[\sum_{k=1}^{t}(d_k - z_k)f'(net_k)w_{jk}\right]f'(net_j) \end{aligned} \tag{6-21}$$

输出层权值调整计算公式：

$$\Delta w_{jk} = -\eta\frac{\partial E}{\partial w_{jk}} = -\eta\frac{\partial E}{\partial net_k}\frac{\partial net_k}{\partial w_{jk}} = \eta\delta_{zk}y_j \tag{6-22}$$

隐含层权值调整计算公式：

$$\Delta v_{ij} = -\eta\frac{\partial E}{\partial v_{ij}} = -\eta\frac{\partial E}{\partial net_j}\frac{\partial net_j}{\partial v_{ij}} = \eta\delta_{yj}x_i \tag{6-23}$$

式中，η 反映了学习速率。

输出层阈值调整计算公式：

$$\Delta\theta_k = -\eta\frac{\partial E}{\partial\theta_k} = -\eta\frac{\partial E}{\partial net_k}\frac{\partial net_k}{\partial\theta_k} = \eta\delta_{zk} \tag{6-24}$$

隐含层阈值调整计算公式：

$$\Delta\gamma_j = -\eta\frac{\partial E}{\partial\gamma_j} = -\eta\frac{\partial E}{\partial net_j}\frac{\partial net_j}{\partial\gamma_j} = \eta\delta_{yj} \tag{6-25}$$

若隐含层的输出和输出层的输出选用 Sigmoid 函数，即

$$f(x) = \frac{1}{1+\mathrm{e}^{-x}}$$

因为

$$f'(x) = f(x)[1-f(x)] \tag{6-26}$$

则式(6－22)和式(6－23)分别变为如下形式：

$$\Delta w_{jk} = \eta(d_k - z_k)z_k(1-z_k)y_j \tag{6-27}$$

$$\Delta v_{ij} = \eta\left[\sum_{k=1}^{t}(d_k - z_k)z_k(1-z_k)w_{jk}\right]y_j(1-y_j)x_i \tag{6-28}$$

BP 神经网络算法训练流程图如图 6－11 所示。

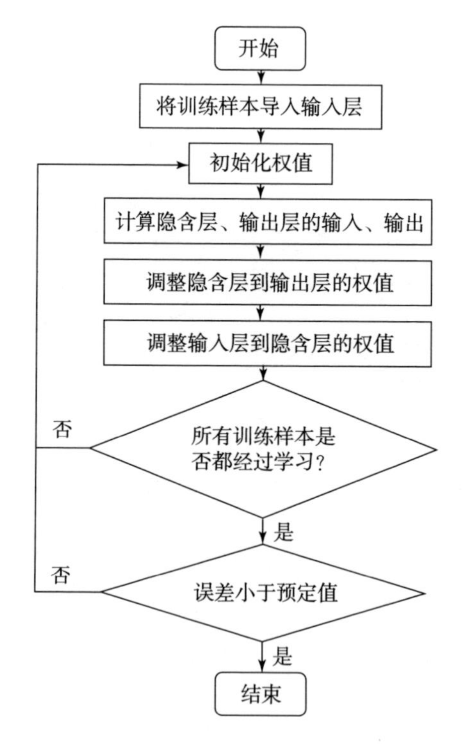

图 6－11　BP 神经网络算法训练流程图

3）BP 神经网络的优缺点

BP 神经网络具有许多优点使其能得到广泛应用，同时也存在着一些局限性，表 6－5 对 BP 神经网络的优缺点进行了分析。

表 6－5　BP 神经网络的优缺点分析

	优点	缺点
BP 神经网络的优缺点分析	（1）理论上可以充分逼近任意复杂的非线性关系； （2）具有非常强的容错性，信息分布存储于网络内的神经元中； （3）可进行并行处理，使得计算速度较快； （4）可以处理不确定或模糊系统，因为神经网络具有自学习和自适应能力； （5）具有很强的信息综合能力，能同时处理定量和定性的信息	（1）学习收敛速度慢； （2）容易陷入局部最小值，造成网络训练失败； （3）难以解决应用问题的实例规模和网络规模间的矛盾； （4）网络结构的选择尚无一种统一而完整的理论指导； （5）“过拟合”现象。理论上随着训练能力的提高，预测能力也提高。但这种趋势有一个极限，当达到此极限时，随着训练能力的提高，预测能力反而会下降

6.3.2　粒子群优化算法

粒子群优化算法（Particle Swarm Optimization，PSO）是 1995 年由美国普渡大学的 Kennedy 和 Eberhart 提出的一种集群优化算法，PSO 算法的基本概念源于对鸟群捕食行为的研究，其算法的基本原理是：假设把优化问题的潜在解看作一个没有质量和体积的鸟，称其为粒子，粒子在 D 维空间飞行，在搜寻过程中根据自身的经验和它监控个体的经验调整位置。PSO 初始化为一群随机粒子（随机解），然后通过迭代找到最优解。在每一次迭代中，粒子通过跟踪两个极值来更新自己。第一个就是粒子本身所找到的最优解，这个解叫作个体极值 pbest；另一个极值是整个种群目前找到的最优解，这个极值是全局极值 gbest。

1. PSO 算法的数学描述

假设一个由 M 个粒子组成的群体在 D 维的搜索空间以一定的速度飞行。粒子 i 在 t 时刻的状态属性设置如下：

位置：$\boldsymbol{X}_i^t=(X_{i1}^t,\ X_{i2}^t,\ \cdots,\ X_{iD}^t)^{\mathrm{T}}$

$X_{id}^t\in[L_D,\ U_D]$，L_D，U_D 分别为搜索空间的下限和上限；

速度：$\boldsymbol{V}_i^t=(V_{i1}^t,\ V_{i2}^t,\ \cdots,\ V_{iD}^t)^{\mathrm{T}}$

$V_{id}^t \in [V_{\min,D},\ V_{\max,D}]$，$V_{\min,D}$，$V_{\max,D}$分别为最小和最大速度；

个体最优位置：$\boldsymbol{P}_i^t = (P_{i1}^t,\ P_{i2}^t,\ \cdots,\ P_{iD}^t)^{\mathrm{T}}$

全局最优位置：$\boldsymbol{P}_g^t = (P_{g1}^t,\ P_{g2}^t,\ \cdots,\ P_{gD}^t)^{\mathrm{T}}$

其中 $1 \leqslant d \leqslant D$，$1 \leqslant i \leqslant M$。

粒子在 $t+1$ 时刻的位置和速度通过下式更新获得：

$$V_{id}^{t+1} = wV_{id}^t + c_1 r_1^t\ (P_{id}^t - X_{id}^t) + c_2 r_2^t\ (P_{gd}^t - X_{id}^t) \tag{6-29}$$

$$X_{id}^{t+1} = X_{id}^t + V_{id}^{t+1} \tag{6-30}$$

式中，c_1，c_2 为学习因子（又称为加速因子），c_1 可以调节粒子飞向自身最好位置方向的步长，c_2 可以调节粒子向全局最好位置飞行的步长，通常取 $c_1 = c_2 = 2$；r_1 和 r_2 是［0，1］之间的随机数，每次迭代随机生成，迭代终止条件根据具体问题确定，一般选为达到最大迭代次数，或粒子群算法搜索到的全局最优解满足给定精度；w 为惯性因子，是非负常数，w 较大则算法具有较强的全局搜索能力，w 较小则算法倾向于局部搜索。选择一个合适的 w 可以平衡全局和局部搜索能力，这样可以以最少的迭代次数找到最优解。

Shi 与 Eberhart 提出 w 的线性变化公式如式（6－31）所示。

$$w = w_{\max} - \frac{w_{\max} - w_{\min}}{t_{\max}} \cdot t_n \tag{6-31}$$

式中，$w_{\max}$和 $w_{\min}$分别表示权重 w 的最大值和最小值；t_n 表示当前迭代次数，$t_{\max}$表示最大迭代次数。

2. PSO 算法的实现流程

PSO 算法的具体步骤如下：

（1）初始化粒子群。设定 PSO 算法中涉及的各类参数：算法最大迭代次数 $t_{\max}$，算法终止的最小允许误差，搜索空间的下上限 L_D，U_D，学习因子 c_1，c_2，粒子速度范围 $[V_{\min,D},\ V_{\max,D}]$；随机初始化搜索点的位置 X_i 及其速度 V_i，设初始位置即为每个粒子的 P_i，从个体最优值找出全局最优值，记录该最好值的粒子序号 g 及其位置 P_g。

（2）计算各粒子的适应度。粒子适应度函数为

$$f_i = \sum_{j=1}^{J} (y_{ij} - Y_{ij})^2 \tag{6-32}$$

$$f_m = \frac{1}{N} \sum_{i=1}^{N} f_i \tag{6-33}$$

式中，N 为样本个数；J 为输出节点个数；y_{ij}为第 i 个样本的第 j 个实际输出；Y_{ij}为第 i 个样本的第 j 个期望输出，$m = 1$，2，$\cdots$，M（M 为粒子个数）。

（3）对每个粒子，比较它的适应值和它的个体最优值点 P_i 的适应值；若好于当前个体极值，则个体最优位置更新为该粒子的位置，个体极值更新为该粒子的适应值。

（4）对每个粒子，比较它的适应值和当前粒子群的全局最优值点 P_g 的适应值；若好于当前全局极值，则全局极值更新为该最优值，全局最优位置更新为该粒子个体最优位置，更新群体最优位置序号 g。

（5）更新粒子状态。根据式（6－29）和式（6－30）更新各粒子的位置和速度。若 $V_i < V_{min}$ 则将 V_i 置为 V_{min}，若 $V_i > V_{max}$ 将 V_i 置为 V_{max}。

（6）判断寻优结束条件。若满足设定的最大迭代次数或误差值小于给定的精度，则本轮次的全局最优位置为最后的最优值，输出最优解，否则返回步骤（2）继续迭代。

PSO 算法流程图如图 6－12 所示。

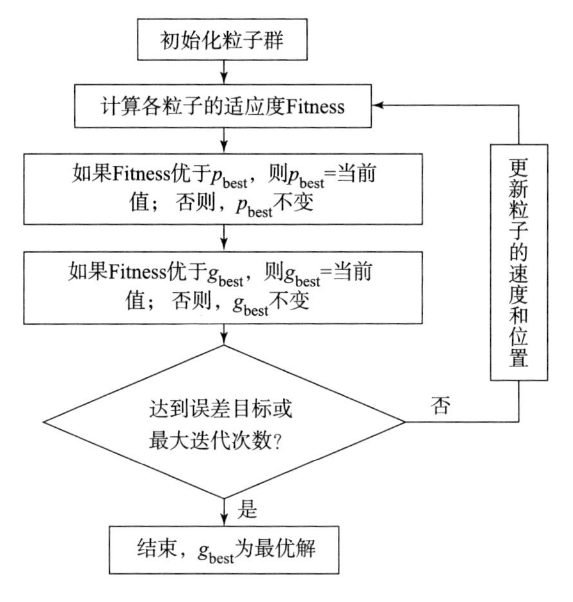

图 6－12　PSO 算法流程图

3. PSO 算法的优缺点

PSO 算法具有很多优点，同时也存在一些明显的缺陷，PSO 算法的优缺点分析如表 6－6 所示。

表 6-6　PSO 算法的优缺点分析

	优点	缺点
PSO 算法的优缺点分析	(1) 不依赖于问题信息，采用实数求解，算法通用性强； (2) 需要调整的参数少，原理简单，容易实现； (3) 同时利用个体局部信息和群体局部信息协同搜索； (4) 收敛速度快，算法对计算机内存和 CPU 要求不高； (5) 更容易飞跃局部最优信息，飞抵全局最优目标值	(1) 算法局部能力较差，搜索精度不够高； (2) 算法不能绝对保证搜索到全局最优解； (3) 算法的搜索性能对参数具有一定的依赖性； (4) PSO 算法是一种概率算法，算法理论不完善，缺乏独特性； (5) 欠完善的生物学背景，群鸟觅食行为相对简单，可供挖掘的生物知识少

6.3.3　PSO-BP 算法

BP 神经网络的学习过程是通过不断修改网络权值、阈值来减少误差的。其网络权值、阈值是随机赋的，但最终权值的确定往往很大程度上依赖于初始权值的选择。如果初始权值设置不理想，BP 网络容易陷入局部极小值。PSO 算法在无约束非线性函数优化方面性能优越，通常可以直接找寻到全局最优解，即使不能搜索到全局最优解，也距离全局最优点不远。利用 PSO 算法和 BP 算法共同训练神经网络，先将网络进行 PSO 算法训练，然后 BP 算法接着进行小范围搜索，PSO-BP 算法的本质就是将输出误差函数看成目标函数，PSO 对输出误差函数进行全局寻找最小值。

PSO-BP 算法的流程如下：

(1) 确定网络结构及参数。

根据样本的输入向量长度确定网络的输入神经单元数 I，根据样本的输出向量确定网络的输出层神经元数 O，根据经验确定隐含层的神经元数 H，确定粒子群体规模 N，设置初始、最终的惯性权重 w_{start} 和 w_{end}，学习因子 c_1，c_2，网络训练的最大迭代次数 t_{max}，初始化网络 v_{ij}，w_{jk}，γ_j，θ_k 为 (0，1) 之间的随机数。

(2) 建立 PSO 粒子与需要优化的参数映射关系。

对于一个三层的 BP 神经网络需要优化的参数可以用一个一维的矩阵来表示：

$$(v_{ij},\ w_{jk},\ \gamma_j,\ \theta_k)$$

$i=I$，$j=H$，$k=O$，所以该矩阵的大小为 $D=I\cdot H+H\cdot O+H+O$。

（3）计算适应度函数。

以神经网络的最小均方差 *MSE* 作为粒子搜索性能的评价指标，即适应度，用于指导种群的搜索。

$$MSE=\frac{1}{N}\sum_{i=1}^{N}\sum_{j=1}^{J}(y_{ij}-Y_{ij})^{2} \tag{6-34}$$

式中，N 为样本个数；J 为输出节点个数；y_{ij}为第 i 个样本的第 j 个实际输出；Y_{ij}为第 i 个样本的第 j 个期望输出。

（4）更新个体极值与全局极值。

比较粒子群中个体粒子的当前适应度值与上一代的适应值，如果粒子当前代适应值优于上一代则进行个体极值的更新；比较粒子群中当前的最优适应值与上一代的最优适应值，如果粒子当前代适应值优于上一代则进行全局极值的更新。

（5）更新速度与位置。

根据式（6－29）和式（6－30）进行速度与位置更新，并对速度进行限制。

（6）判断算法停止条件。

根据终止条件，如果满足最大迭代次数或训练误差小于规定值，则算法终止，否则返回步骤（3）继续迭代。

（7）生成最优解。

算法停止迭代时全局极值所对应的神经网络的权值及阈值即为训练问题的最优解。

PSO-BP 算法流程图如图 6－13 所示。

6.3.4　基于 PSO－BP 的用水量预测模型的构建

1. 模型网络结构设计

本文 PSO－BP 模型采用三层网络结构，分别为输入层、中间层、输出层。采用 A 矿区某连续 5 周每日 24 h 时用水量实测数据作为样本数据。图 6－14 所示为其中连续 30 天的水量变化情况；图 6－15 所示为每周某同一时刻的时用水量变化情况，可以看出以周为单位的水量波动曲线重合性比较好，即该矿时用水量具有以周为单位的周期性。

为了观察时用水量的日变化趋势，绘制该矿每日时用水量曲线，图 6－16 所示为以 24 h 为间隔，连续 1 周的时用水量数据，可以看出曲线的重合趋势

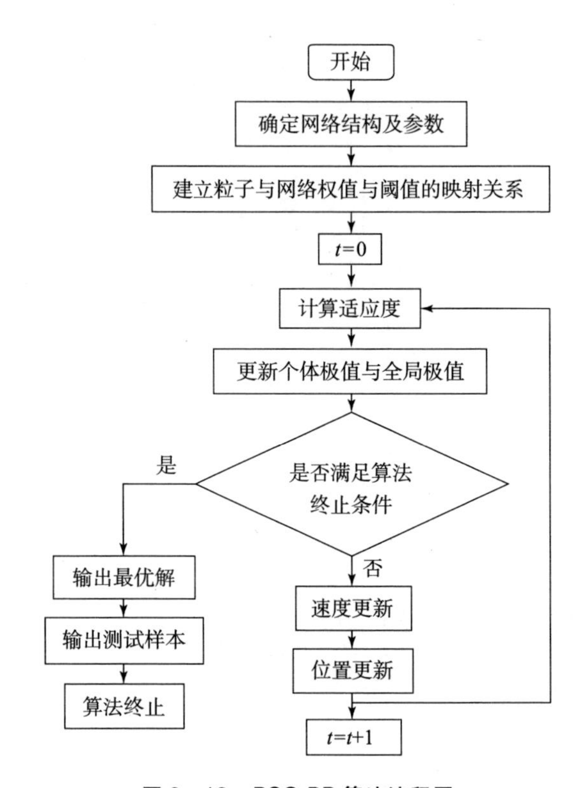

图 6－13　PSO-BP 算法流程图

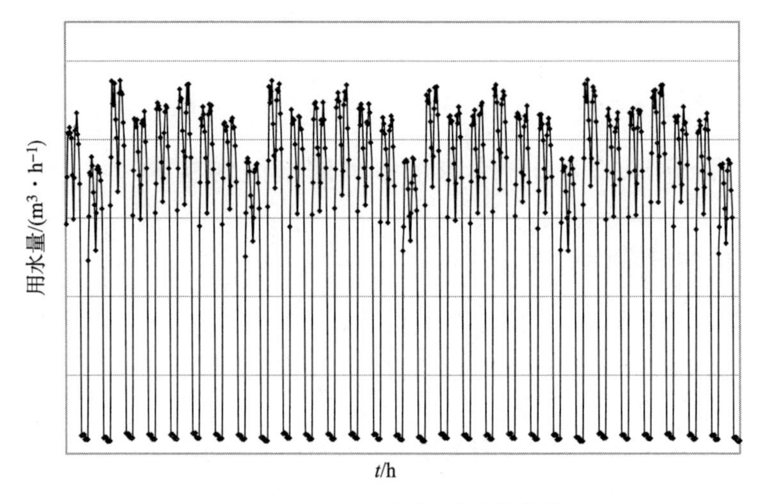

图 6－14　月时用水量变化规律曲线

整体上较为明显，即时用水量的日周期性也较强。

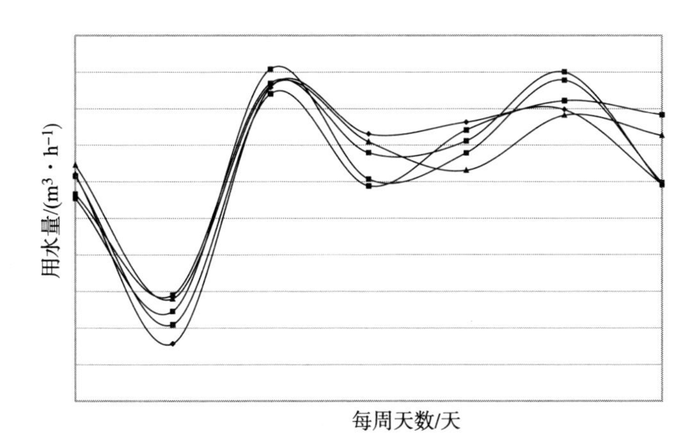

图 6－15　周时用水量变化规律曲线

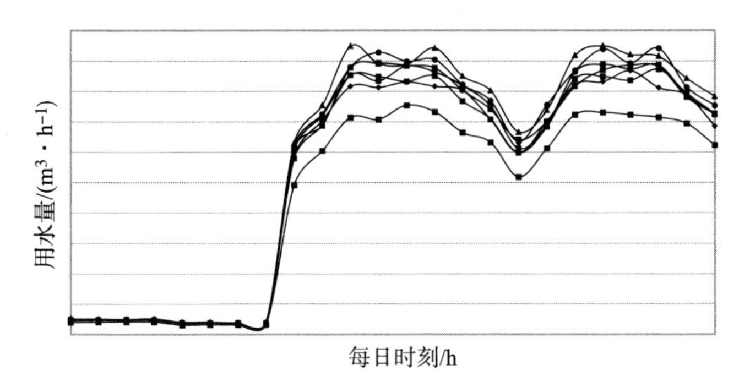

图 6－16　日时用水量变化规律曲线

根据该矿时用水量变化趋势分析的结果，提出了用预测日前一周内 7 天的 t 时刻与当天在 $t-1$ 时刻的 8 项水量负荷值作为预测影响因子，对当天 t 时刻水量负荷值进行预测的方法。该方法同时兼顾了时用水量数据以周为单位的周期性和日周期性，并且有利于预测所需数据的更新和方法的推广。

根据上述分析，输入层节点个数为 8，输出层节点个数为 1，隐含层节点个数由于目前没有统一的确定方法，可以根据“试凑法”来调整隐含层的个数。根据经验公式

$$n_1 = \sqrt{n+m} + a \tag{6-35}$$

式中，n—— 输入层节点数；

m—— 输出层节点数；

a—— 1 ~ 10 之间的一个常数。

先得出隐含层的节点数可初步确定为 $\sqrt{8+1}+1=4$ 层，再根据“试凑法”最终确定隐含层神经元的个数。

2. PSO 算法参数选取

（1）粒子数 M：根据优化问题的复杂程度选取粒子个数 M，当问题较简单时粒子数 $M\in[10,20]$；对一般的优化问题 $M\in[20,40]$；当问题比较复杂时，粒子数 $M\in[40,100]$；当所处理问题特别复杂时 M 可大于 100。M 越大，算法的寻优能力越强，但是计算量也越大。本书取粒子数为 40。

（2）惯性粒子 w：惯性因子对于粒子群算法的收敛性起很大作用，w 值越大，粒子的飞翔幅度越大，容易错失局部寻优能力，而全局搜索能力越强；反之，则局部寻优能力增强，而全局寻优能力减弱。如果惯性因子是变量，通常在迭代开始时将惯性因子 w 设置得较大，然后在迭代过程中逐步减小。w 可以取［0，1］区间的随机数。本文取惯性因子最大值 0.90，惯性因子最小值 0.30。

（3）加速常数 c_1 和 c_2：加速常数是调整自身经验和社会经验在其运动中所起作用的权重。对于常规问题，一般情况下取 $c_1=c_2=2.0$。目前对于加速常数 c_1 和 c_2 的确切取值，各学者观点不尽一致，众说纷纭。表 6－7 所示为各主要学者给出的参考值。本书取 $c_1=c_2=2.0$。

表 6－7　加速常数参考值

学者	c_1 和 c_2
Clerc	$c_1=c_2=2.05$
Carlisle	$c_1=2.8$，$c_2=1.3$
Trelea	$c_1=c_2=1.7$，$w=0.6$
Eberhart	$c_1=c_2=1.494$，$w=0.729$

（4）最大飞翔速度 V_{max}：V_{max} 太小，寻优易陷入局部极值，粒子缺少在全部范围内的深入搜索能力；V_{max} 过高易导致粒子忽略较好解，缺乏局部搜索能力。一般根据粒子的取值范围，确定合适的粒子最大速度。如果 V_{max} 的选择是固定不变的，通常设定为每维变化范围的 10%～20%。本文设定 V_{max} 为 0.5。

3. 样本数据的选择

本书共获得 672 个样本数据，使用 PSO-BP 模型进行训练学习，必须将数据划分为测试集和训练集两个组。本文随机抽取 660 个数据作为模型学习所用，测试样本的数据根据等距离抽样的方法，将660个样本数据进行编号，从第10个样本数据开始抽取，每隔10个抽取一次，即抽取第10、20、30、…、第660个数，将抽取出的这66个数作为测试数据集，占全部样本数据的10%，其余未抽取的594个数据作为训练数据集，占样本集合的90%。

6.3.5　实例应用

本实例依然用4.8节里的算例。先训练模型，再用训练好的模型进行用水量预测。

根据已经编写好的源代码，本文对660个样本数据进行仿真实验。其中594个数据用于样本训练，66个数据用于测试。

在使用PSO-BP模型以进行实验时，必须确定神经网络的网络结构，而神经网络的隐含层节点数没有统一的确定方法，本文通过“试凑法”来选择最佳隐含层节点数。当模型其他预设参数不变的情况下，分别设置隐含层节点数为3，4，5，6，7，即设置hiddennum = 3/4/5/6/7时，分别运行程序得到训练误差值，使用PSO-BP模型的训练误差如表6－8所示。

从表6－8中可以看出，在PSO-BP模型中，当隐含层节点数设为5时，训练误差值最小，因此将PSO-BP模型的隐含层节点数设为5个。

设置隐含层节点数为5个，最大训练次数为500次，目标误差为0.001时，对样本数据进行仿真后，plot（MinFit,‘b’），得到具体误差曲线如图6－17所示，横坐标表示迭代的次数，纵坐标表示每次迭代过程中的最小适应值，最小适应值越小，则训练误差越小。从图6－17中可以看出，当迭代次数超过300次时，最小适应值基本趋于最小值。

表6－8　PSO-BP模型训练误差

隐含层节点数	训练误差
3	0.003 1
4	0.002 9
5	0.002 2
6	0.005 2
7	0.003 6

使用PSO-BP模型进行训练后，得到了测试样本的实际输出结果与目标输出结果；其中，“o”表示了66个测试集数据实际输出结果；“+”表示测试集数据的目标输出结果，具体拟合效果如图6－18所示，横坐标表示样本个数，纵坐标表示输出的疲劳分值，红色的标记为目标结果，蓝色标记为测试

结果。

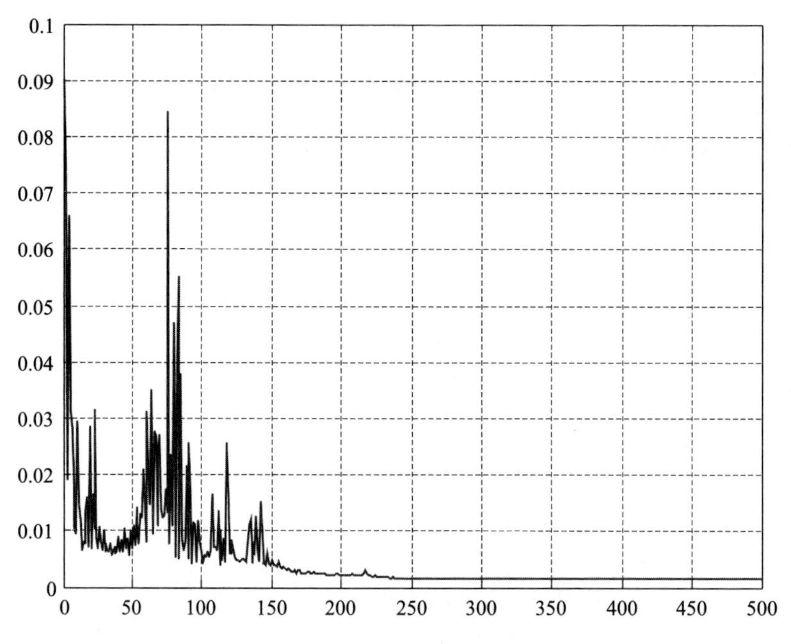

图 6－17　PSO-BP 模型的误差曲线变化趋势

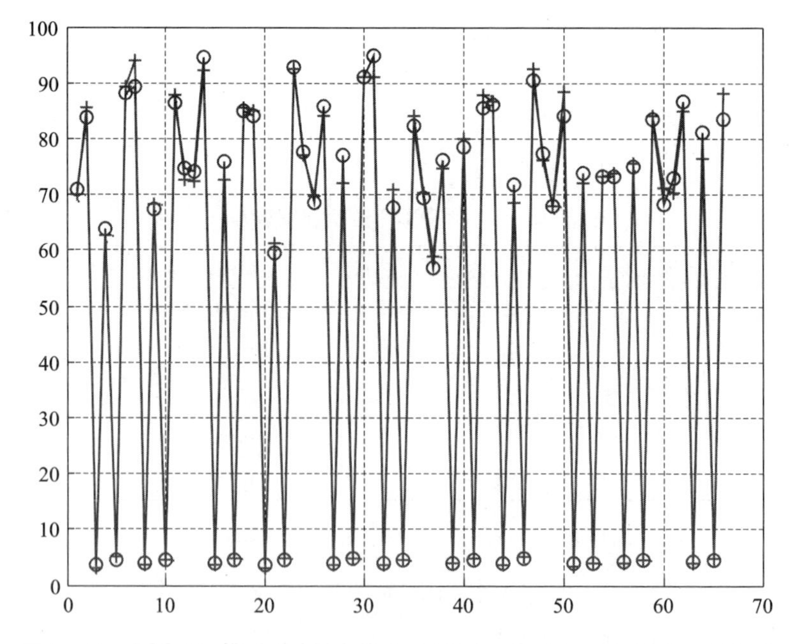

图 6－18　PSO-BP 模型测试样本的实际结果与目标结果拟合效果（见彩插）

为了明确地得到测试样本的实际输出结果，本文通过 Matlab 命令将仿真结果输出到一个文本文件中，通过比较实际结果与目标结果，可得到每个测试样本的相对误差，从而判断模型的有效性，具体如表 6－9 所示。

表 6－9　PSO-BP 模型的测试结果与目标结果的比较

编号	预测结果/（$m^3 \cdot h^{-1}$）	目标结果/（$m^3 \cdot h^{-1}$）	相对误差/%
1	70.1	70.8	1.051
2	85.5	83.6	－2.192
3	3.2	3.7	13.942
4	62.8	63.9	1.756
5	5.2	4.5	－13.719
6	89.3	88.1	－1.357
7	94.1	89.4	－5.071
8	3.7	4.0	9.821
9	68.1	67.4	－1.043
10	4.6	4.6	－0.594
11	87.9	86.5	－1.606
12	72.7	74.6	2.618
13	72.5	74.2	2.441
14	92.1	94.5	2.565
15	3.6	3.9	8.754
16	72.7	75.8	4.273
17	4.7	4.5	－3.929
18	85.6	84.9	－0.867
19	85.0	83.9	－1.192
20	3.1	3.6	15.958
21	61.2	59.5	－2.797
22	4.9	4.5	－8.687
23	92.4	92.7	0.318
24	77.1	77.6	0.645
25	69.6	68.7	－1.373
26	84.2	85.9	1.980
27	3.6	4.0	11.962
28	72.0	77.1	7.084
29	4.9	4.7	－3.345
30	91.2	91.2	0.011
31	91.2	94.8	3.932
32	3.6	3.8	4.679
33	70.9	67.6	－4.704
34	4.6	4.5	－2.576

续表

编号	预测结果/（$m^3 \cdot h^{-1}$）	目标结果/（$m^3 \cdot h^{-1}$）	相对误差/%
35	84.0	82.3	-2.027
36	70.4	69.6	-1.252
37	58.8	56.8	-3.328
38	74.7	76.3	2.158
39	3.8	4.0	5.162
40	80.0	78.4	-1.928
41	4.7	4.6	-2.683
42	87.8	85.6	-2.472
43	86.8	86.1	-0.891
44	3.8	4.1	6.996
45	68.7	71.9	4.623
46	5.0	4.9	-2.351
47	92.6	90.4	-2.430
48	76.3	77.4	1.450
49	68.0	68.1	0.167
50	88.3	84.0	-4.907
51	3.5	4.0	11.868
52	72.0	74.0	2.742
53	3.9	4.0	3.357
54	73.2	73.1	-0.093
55	73.9	73.2	-0.895
56	4.0	4.1	3.391
57	75.7	75.1	-0.831
58	4.6	4.7	1.308
59	84.2	83.4	-0.848
60	71.3	68.3	-4.091
61	70.4	73.1	3.796
62	84.9	86.6	2.044
63	4.0	4.2	7.063
64	76.6	81.3	6.143
65	4.7	4.4	-7.148
66	88.2	83.4	-5.508

通过使用PSO-BP模型进行训练后，得到的结果只有第3、5、20、27、51组测试样本的相对误差超过10%，其余的误差都在10%以内，训练结果较为理想。

在模型训练成熟以后，可以将训练好的网络以及相关参数通过Save命令保存下来，并在使用时利用pnew函数进行仿真。已保存的训练好的模型可以直接用来预测用水量。取最新一周的用水量数据作为输入值可以预测A矿下一周的用水量。A矿下一周用水量预测值如图6-19所示。

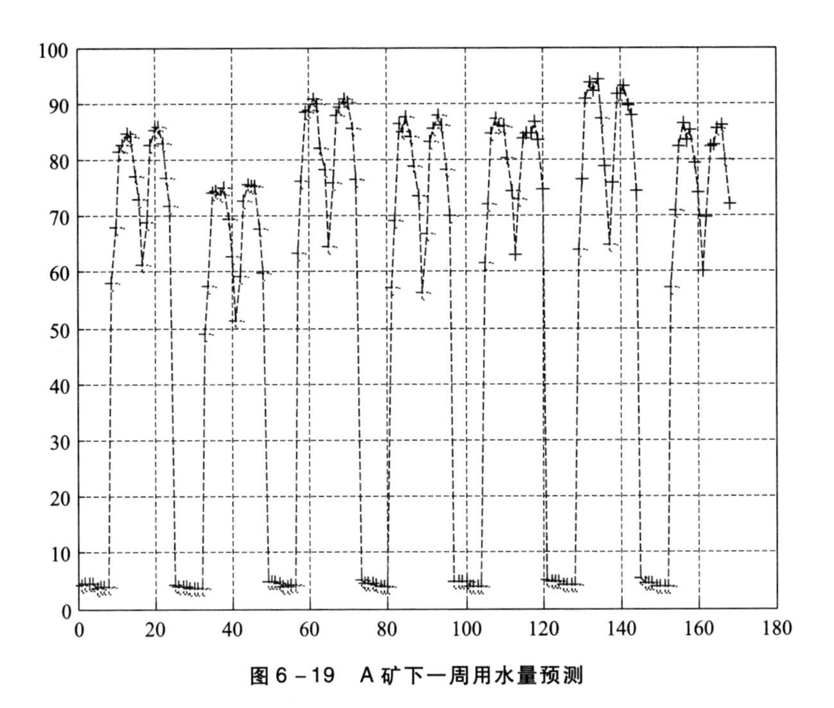

图6-19 A矿下一周用水量预测

第 7 章　矿井防尘供水管网优化设计

防尘管网作为一项复杂的系统工程，在管网布置、用水量、泵站和水池的类型及数量、管材选用和价格、电费方面，不同煤矿的情况相差很大，难以建立通用的优化模型。某些管网优化问题可以应用标准线性规划程序解决，有些则需要应用动态规划法或探索法如遗传算法求解，有时更需要将几种方法联合起来以得到优化结果。尽管目前已有大量算法和程序可供使用，但往往由于设计管网的特殊性或受到工程实践经验的约束，必须结合具体条件对其做进一步地修正。建立了防尘管网优化模型后，需要选择适合模型求解的算法。算法的复杂性对计算机的求解能力有着重要影响，甚至是决定性作用。防尘管网可靠性优化模型属于多目标非线性组合优化问题，随着管段变量的增加，其求解空间将会呈指数级增长，以致发生组合爆炸，导致应用确定性求解方法如枚举法，无法在可接受的时间范围内求解模型。

本章从防尘管网设计原则入手，首先确立防尘管网优化设计目标，在综合考虑防尘管网建造经济性、运行可靠性和水力学约束的前提下，建立基于可靠性分析的防尘管网优化模型，应用线性加权法将防尘管网可靠性优化多目标函数转化为单目标优化函数，并运用遗传算法进行模型求解。

7.1　常用优化算法简介

7.1.1　模拟退火算法

模拟退火的思想最早是由 Metropolis 在 1953 年提出的，它是源于对物体降温过程中的统计热力学现象的研究。1982 年，Kirkpatrick 等人正式提出了模拟退火算法，并将其成功地应用于优化组合问题。

模拟退火算法的基本思想是通过引入随机扰动，当考察点到达局部极值时，算法以一个小概率“跳出”局部极值陷阱的过程。在组合优化中引入了 Metropolis 准则，就得到对 Metropolis 算法进行迭代的组合优化算法。模拟退火算法是局部搜索算法的扩展，所以从理论上来说，它是一个全局优化算法，具有易实现和全局渐进收敛的特点，被广泛应用于求解一些 NP 问题。

设 L_k 表示 Metropolis 算法第 k 次迭代时产生的变换个数，t_k 表示 Metropolis 算法第 k 次迭代时的控制参数 t 的值，$T(t)$ 表示控制参数更新函数，t_0 表示初始温度，t_k 表示终止温度，则模拟退火算法的具体运行步骤可表示为：

（1）随机产生一个初始解，以此作为当前最优点，并计算目标函数值。

（2）设置初始温度、终止温度以及控制参数更新函数：t_0，t_k，$T(t)$。

（3）$t_k = T(t_k - 1)$。设置 L_k，令循环计数器初始值 $k = 1$。

（4）对当前最优点做一随机变动，产生一个新解，计算新解的目标函数，并计算目标函数的增量 Δ。

（5）若 $\Delta<0$，则接受该新解作为当前最优点；若 $\Delta\geqslant0$，则以概率的方式接受该新解往前最优点。

（6）若 $k<L_k$，则 $k=k+1$，转步骤（4）。

（7）若 $t<t_f$，则转步骤（3）；若 $t\geqslant t_f$，则输出当前最优点，算法结束。

7.1.2 人工神经网络

人工神经网络是一种应用类似于大脑神经突触连接的结构进行信息处理的数学模型。在工程与学术界也常直接简称为“神经网络”或“类神经网络”。

神经网络是一种运算模型，由大量的节点（或称“神经元”或“单元”）相互连接构成。每个节点代表一种特定的输出函数，称为激励函数（activation function）。每两个节点间的连接都代表一个对于通过该连接信号的加权值，称之为权重（weight），这相当于人工神经网络的记忆。网络的输出则依网络的连接方式、权重值和激励函数的不同而不同。而网络自身通常都是对自然界某种算法或者函数的逼近，也可能是对一种逻辑策略的表达。

它的构筑理念是受到生物（人或其他动物）神经网络功能运作的启发而产生的。人工神经网络通常是通过一个基于数学统计学类型的学习方法（Learning Method）得以优化，所以人工神经网络也是数学统计学方法的一种实际应用，通过统计学的标准数学方法，研究人员能够得到大量的可以用函数来表达的局部结构空间，另一方面在人工智能学的人工感知领域，通过数学统计学的应用可以解决人工感知方面的抉择问题（也就是说通过统计学的方法，人工神经网络能够类似人一样具有简单的决定能力和简单的判断能力），这种方法比起正式的逻辑学推理演算更具有优势。

人工神经网络以其具有自学习、自组织、较好的容错性和优良的非线性逼近能力，受到众多领域学者的关注。在实际应用中，80%～90%的人工神经网络模型是采用误差反传算法或其变化形式的网络模型（简称 BP 网络），目前主要应用于函数逼近、模式识别、分类和数据压缩或数据挖掘。

7.1.3 混合蛙跳算法

自然界中群体生活的昆虫、动物，大都表现出惊人的完成复杂行为的能力，人们从中得到启发，参考群体生活的昆虫、动物的社会行为，提出了模拟生物系统中群体生活习性的群体智能优化算法。在群体智能优化算法中每一个个体都是具有经验和智慧的智能体，个体之间存在着互相作用机制，可以通过相互作用形成强大的群体智慧来求解复杂的问题。

混合蛙跳算法（SFLA）是一种全新的后启发式群体进化算法，具有高效的计算性能和优良的全局搜索能力。它是由 Eusuff 和 Lansey 在 2003 年提出的，它是一种受自然生物模仿启示而产生的基于群体的协同搜索方法。该算法将青蛙群体分为多个族群，每个族群独立地以类似于粒子群优化（PSO）算法的方法进行局部深度搜索，并通过全局信息交换和局部深度搜索的平衡策略使得该算法能够以较大的概率跳出局部极值点，使优化向着全局最优的方向进行。

7.1.4　遗传算法

遗传算法（Genetic Algorithm，GA）最早于 1975 年由 John Holland 等人提出，核心思想来自达尔文的生物进化论中的“自然选择，适者生存”，与粒子群优化算法一样，都属于人工搜索算法。它通过模拟生物进化过程中所经历的变异、淘汰等自然机制，来寻求目标函数的最优解（即大自然中最后存活下来的生物）。遗传算法自提出以来，就受到了广泛的应用，解决了很多工程领域里的复杂问题。

遗传算法最大的优点在于每条染色体之间相互交换信息，从而保证个体均匀地向最优个体靠近，避免了陷入局部最优解中。相对于其他的优化算法，遗传算法发展较久，在收敛性方面有了较为完善的分析。遗传算法有三个基本操作：选择、交叉和变异。选择的目的是为了将父代种群中优秀的个体直接遗传至下一代，较差个体则可以通过交叉某些基因串或对某些基因进行突变产生新个体遗传至下一代中，在进行相应操作时都可以采用合适的方法以保证重要信息的遗传性。因此遗传算法在实际操作中选择、交叉和变异都有不同的形式和方法，但是基本步骤均可以描述为：

（1）初始种群产生。对染色体进行编码，确定最大遗传代数，随机产生 M 个个体作为初始种群，这里 M 为种群规模。

（2）计算个体的适应度。确定适应度函数，计算种群中每个个体的适应度值，并进行比较。

（3）选择操作。按一定规则选择出当前种群中的表现好的个体。

（4）从种群中随机选择两个父代个体。

（5）交叉操作。对初始种群个体染色体的某些基因进行交叉。

（6）变异操作。改变初始种群中表现不好的个体染色体基因。初始种群经历过选择、交叉和变异操作后，就产生了下一代种群。

（7）终止条件判定。若当前种群符合设定条件，则算法终止，否则，转步骤（2）。

遗传算法的一般执行过程可用图 7－1 所示的基本流程图描述，其中选择、交叉和变异是遗传算法的三个主要的遗传操作算子。

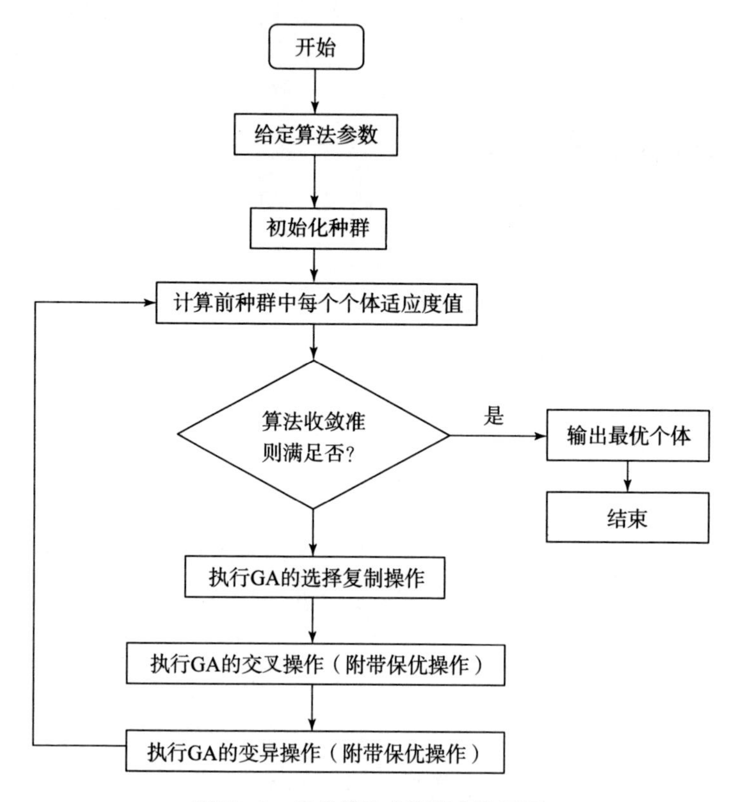

图 7－1　遗传算法求解基本流程图

对于选择、交叉和遗传操作方法确定了遗传算法，其结果的好坏由遗传代数和种群的规模决定。简单的问题种群规模和遗传代数均可以小一些，但是对于复杂的问题需要增大种群规模和遗传代数。两者的增加会导致求解时间增加，因此结合实际情况，可以多次试验确定合理的种群规模和遗传代数，以便节省时间又能得到令人满意的结果。但是有些工程问题仅仅增加种群规模和遗传代数也不能得到较好结果，这样我们就要改变遗传操作的方法了，传统的遗传算法交叉和变异概率是不变的，现在有很多改进的遗传算法，如应用广泛的自适应遗传算法、混合遗传算法等，最终选用哪种方法都由优化问题本身的特点决定。

7.2 矿井防尘供水管网优化设计目标

7.2.1 管网优化设计原则

依据《煤矿安全规程执行说明》，煤矿矿井防尘供水应符合以下要求：

（1）地面建设永久性的静压水池，其容量不得小于200 m^3，并设置备用水池；井下防尘供水系统不得少于2 h连续用水量。

（2）主、副井底车场，采区上下山口，机电硐室，检修硐室，材料库，火药库附近设置的消火栓，其流量应达到9.0 m^3/h，直径可为50 mm。

（3）喷雾洒水设备的水压和流量，应符合下列要求：

①采煤机必须安装内、外喷雾装置，截煤时必须喷雾降尘，内喷雾压力不得小于2 MPa，外喷雾压力不小于1.5 MPa，喷雾流量应与机型相匹配，如果内喷雾装置不能正常喷雾，外喷雾压力不得小于4 MPa，每个喷嘴流量不少于0.9 m^3/h。

②掘进机作业时，应使用内、外喷雾装置，内喷雾装置的使用水压不得小于3 MPa，外喷雾装置的使用水压不得小于1.5 MPa，如果内喷雾装置的使用水压小于3 MPa或无内喷雾装置，则必须使用外喷雾装置和除尘器，每个喷嘴流量不少于0.9 m^3/h。

③凿岩机（湿式风镐、煤岩电钻）供水装置，水压不低于0.29 MPa，流量不少于0.25 m^3/h。

④转载点和装载点防尘水雾喷雾器，水压不低于0.39 MPa，流量不少于0.24 m^3/h。

⑤炮掘工作面放炮时高压喷雾装置，水压不低于0.74 MPa，每个喷嘴流量不少于0.9 m^3/h。

⑥净化空气降尘水幕喷雾装置，水压不低于0.39 MPa，每个喷嘴流量不少于0.27 m^3/h。

⑦冲洗巷道用水量，每平方米表面积不少于0.09 m^3/h，水压不低于0.39 MPa，流量不少于1.08 m^3/h。

敷设防尘用水管路系统时，应遵守下列规定[132,133]：

（1）防尘供水管路应到达井下所有采、掘工作面以及溜煤眼、翻罐笼、输送机转载点、采煤工作面的回风道和中间输送机道。

（2）井下所有的主要运输道、主要回风道、上下山和正在掘进的巷道中所敷设的防尘洒水管路上每隔 50 ~ 100 m 安设一个三通并设管嘴和阀门，以供清洗巷道用。

（3）主、副井底车场，采区上下山口、机电硐室、检修硐室、材料库、火药库附近应设灭火栓，每个灭火栓的流量达 150 L/min。

（4）平直敷设管路，以减少阻力损失。

（5）管路必须固定，以防止在水压冲击作用下振动破坏。

（6）地面管路，采取冬季防冻措施。

（7）采用地面静压水池清洁水（中性水）防尘，主干管路、支干管路和中低压喷雾洒水供水管路可选用一般钢管；高压煤层注水、水力采煤和高压喷雾洒水的供水管路选用无缝钢管。

建立健全防尘供水系统，具体项目要求如下：

（1）各单位要根据井下生产实际，重新计算矿井用水量，保证矿井水源水质、水量符合要求。

（2）矿井若采用动压供水必须有随时可启动，功率不小于主水泵的备用水泵。

（3）矿井必须建立完善的防尘供水管网系统，按《煤矿安全规程》规定，产尘巷道必须全部敷设防尘管路，管路直径必须满足防尘及消防要求，其中综采工作面上顺槽防尘管路直径不小于 108 mm，炮采、高档普采、掘进等巷道管路直径不得小于 50 mm，工作面供水取消胶管或塑料管。

防尘管网通常是错综复杂的，在进行管网水力计算及优化设计时有必要对防尘管网进行必要的简化，略去次要管段，保留主要管段，在真实反映管网水力状况的前提下，提高管网水力计算速度。根据图论理论，防尘管网系统可以抽象的认为是由管段和节点组成的有向图，管段和节点是防尘管网的基本元素，对于管网的简化，也就是对管段和节点进行简化，节点通常连接两条或多条管段，起着管网流量分配的作用，对于防尘管网简化的原则是：

（1）保留主干供水管路，即由供水水源延伸到用水工作面的管路；对于主要用作巷道洒水和消防供水的管路，因其流量较小甚至为零，在水力计算中不做考虑，只校验其静压压头是否满足要求。

（2）在防尘管网中，管径越大的管段对管网水力条件的影响越大；相反，管径越小则影响越小，管网简化处理时忽略管径过小的管段，采掘工作面主要供水管段除外。

（3）相邻节点距离较近时，因其对应的管段长度较小，管段两端节点的水力参数基本相同，将相邻节点合并作为一个节点，而对管网水力计算基本没有影响。

（4）管道的水力计算只考虑到采掘工作面入口处，采掘工作面作为一个用水节点考虑，工作面内部的管道布置和用水情况不再细分。

7.2.2　管网优化设计目标

防尘管网优化目标是：在最不利工况条件下，满足最不利供水点防尘用水的水量和水压要求，最大程度降低防尘管网建造费用，最大程度提高防尘管网运行可靠性。防尘管网的优化设计，应综合考虑水压和水量保证性、水质的安全性、运行可靠性以及建造和管理经济性四个方面，从而建立防尘管网优化设计数学模型，由于其中的水质安全性很难用数学形式进行描述和进行定量评价，因此论文在防尘管网优化设计建模时未考虑水质安全性指标。

本书防尘管网优化的目的在于满足供水管网水力可靠性的基础上，求出一定时期内管网建造费和运行费用最小时的管径组合。供水系统选择、管网布置、泵站数目、配水源水量分配、管网系统工作情况、水池位置和容积等，都会影响管网的经济指标。要解决这些问题不能单凭计算，须结合实际，并通过各种方案的技术经济比较来确定。管网优化计算之前，须在管网平面图上确定配水源（如泵站、水塔和水池等）的位置，对管线进行简化，算出总供水量、管段流量和节点流量，确定监测点所需水压等。

对于路径已经确定的防尘管网，按最高时防尘用水量进行管网优化设计，根据用水量变化，调整水泵扬程和管径，分析比较各种方案找出既具有经济性同时又满足可靠性的设计方案。管网设计目标和管径的关系如图7－2所示，其中 R_{min} 为最低可靠度要求，D_{min} 为最小设计管径。

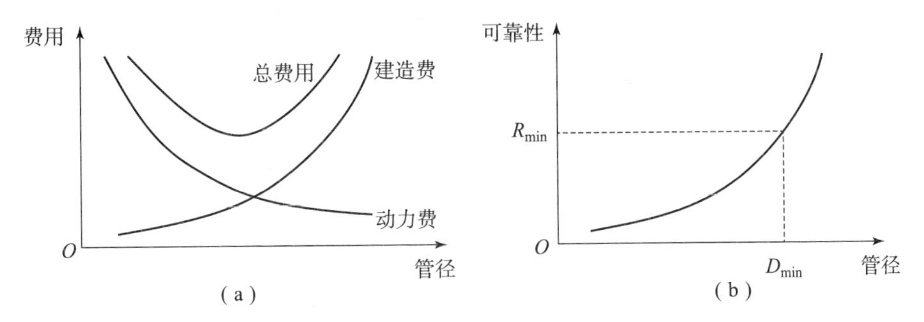

图7－2　管网设计目标和管径的关系

（a）费用图；（b）可靠性

从图7－2中可以看出，可靠性随管径的增大而增大，但是管网建造总费用随管径的增大先减小后增大，因此需要寻求达到最低可靠度 R_{min}，同时使管网建造费用最低的平衡点，即最优管径。

7.3 矿井防尘供水管网优化设计模型的建立

7.3.1 目标函数

本书研究目的是保证可靠性的前提下，使经济费用最低，追求的是可靠性最大化和经济性最小化。所以目标函数包括可靠性目标函数和经济性目标函数。

1. 可靠性目标函数

可靠性目标函数中的各水量和水压均以最高日最高时的水量进行计算。根据第5章中的水力可靠度模型，可得可靠性目标函数为

$$R = \sum_{i=1}^{n}(Q_i^{req}R_i) \Big/ \sum_{i=1}^{n} Q_i^{req} \tag{7-1}$$

式中，$R_i = 1 - \sum_{j=1}^{m}\left[\frac{(1 - R_i^j)T_{修}^j}{365 \times 24} \cdot n^j\right]$；

i—— 节点编号；

j—— 管段编号。

2. 经济性目标函数

矿井供水管网的运行总费用由初期建造费和运行费用以及折旧大修费用三部分组成。初期的建造费包括管道、泵站和水塔的建设费，由于矿井供水管网大多采用静压供水为主，动压供水为辅，因此加压泵和水塔用得较少，因此只考虑管道的造价费和其相关的工程费用。

1）管网建设费用

管道单位长度的造价费与其管径有关，具体的关系可以用下式表示：

$$C = a + bD^{\alpha} \tag{7-2}$$

式中，C——管材单位长度造价，元/m；

D——管道直径，mm；

a，b，α——拟合系数；

井下供水管网均采用的是无缝钢管，具体的单位长度造价如表7－1所示。

表7－1 无缝钢管单位长度造价表

管径 D/mm	60	100	300	600	800	1 000	1 200
造价 C/(元·m^{-1})	172	213	601	1 530	2 290	3 180	4 190

编写Matlab函数对表7－1中数据进行最小二乘法拟合，拟合结果如图7－3所示。

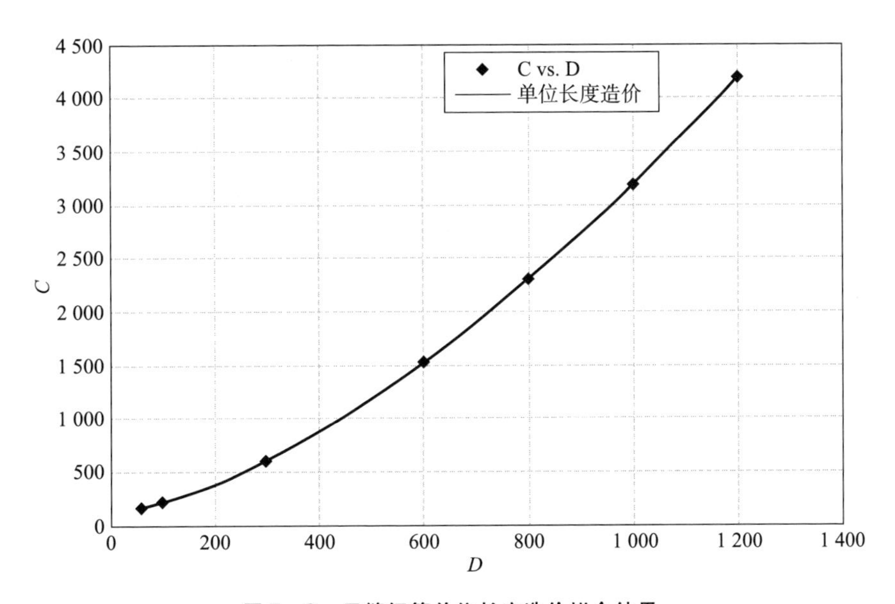

图7－3 无缝钢管单位长度造价拟合结果

计算的结果为 $a=126.6$，$b=3\ 061.9$，$\alpha=1.5$，则无缝钢管的单位长度造价公式为

$$C=126.6+3\ 061.9D^{1.5} \tag{7-3}$$

则整个管网的造价为

$$C_{总}=\sum_{j}^{n}(126.6+3\ 061.9D_j^{\ 1.5})l_j \tag{7-4}$$

式中，n——总管段数；

l_j——管段 j 的长度，m；

D_j——管段 j 的直径，mm。

2）管网年运行费用

管网运行中产生的费用主要为每年泵站所消耗的电费，可用下式表示：

$$Y=0.01\times\frac{8.76\gamma\sigma\rho g}{\eta}Q_{\mathrm{p}}H_{\mathrm{p}} \tag{7-5}$$

式中，Y——管网年运行费用，元；

σ——电费价格，元/度；

γ——计算年限内供水能量的不均匀系数，一般取0.6；

η——水泵和电动机的工作效率，一般取0.75；

Q_{p}——水泵流量，万 m^3/天；

H_{p}——水泵扬程，m。

在管网实际运行时，可将水泵的流量和扬程换成各节点需水量和压力。

3）年折旧大修费用

管网的年折旧大修费用可用下式表示：

$$E=\frac{P}{100}C=\frac{P}{100}\sum_{j}^{n}(a+bD_j^{\alpha})l_j \tag{7-6}$$

式中，P——折旧与大修费率，%。

经济总费用为 $W=C+Y+E$，则经济性目标函数可以表示成

$$W=\left(\frac{P}{100}+\frac{1}{t}\right)\sum_{j}^{n}(126.6+3\,061.9D_j^{1.5})l_j+\frac{876\gamma\sigma}{\eta}\sum_{i}^{m}Q_iH_i \tag{7-7}$$

式中，t——建设投资回收期；

Q_i——节点 i 的需水量，m^3/h；

H_i——节点 i 的水头损失。

但是该目标函数是将回收资金平均分摊到每一年，忽略了市场经济的价值，因此本文采取工程经济学中的等额分付回收资金的概念，结合可靠性目标函数，矿井供水管网的优化目标可以表示成：

$$\begin{cases}\min W=\left[\frac{P}{100}+\frac{a(a+1)^t}{(a+1)^t-1}\right]\sum_{j}^{n}(126.6+3\,061.9D_j^{1.5})l_j+\frac{876\gamma\sigma}{\eta}\sum_{i}^{m}Q_iH_i\\ \max R=\sum_{i=1}^{n}(Q_i^{\mathrm{req}}R_i)/\sum_{i=1}^{n}Q_i^{\mathrm{req}}\end{cases} \tag{7-8}$$

式中，a——年利率。

7.3.2 约束条件

矿井防尘管网的优化模型在以经济性和可靠性为目标的前提下，还应满足各项水力约束条件，主要包括如下六条：

（1）流量平衡方程。

$$\sum(\pm q_{ij}) + Q_i = 0 \tag{7-9}$$

式中，Q_i——节点 i 节点流量，m^3/h；

q_{ij}——与节点 i 相连的管段流量，m^3/h，“－”表示水流流入节点，“＋”表示流出节点。

（2）能量平衡方程。

$$\boldsymbol{B}h = 0 \tag{7-10}$$

式中，$\boldsymbol{B} = [b_{kj}]$——管网回路矩阵；

$\boldsymbol{h} = [h_1, h_2, \cdots, h_j]$——管段水头损失集合，$h_j$ 为管段 j 沿程水头损失。

（3）压降方程。

$$h_{ij} = H_i - H_j = S_{ij}q_{ij}^n \tag{7-11}$$

式中，h_{ij}——管段水头损失，MPa；

H_i——管段起始节点 i 的水压，MPa；

H_j——管段终止节点 j 的水压，MPa；

S_{ij}——管段的摩擦阻力损失，MPa；

q_{ij}——管段的流量，m^3/h；

$n = 1.852 \sim 2$。

（4）管段流速限制。

$$v_{\min} \leqslant v_{ij} \leqslant v_{\max} \tag{7-12}$$

式中，$v_{\min}$——最小允许流速，m/s，一般不低于0.5 m/s；

$v_{\max}$——最大允许流速，m/s，一般不高于3 m/s。

（5）节点水压限制。

$$H_{i\min} \leqslant H_i \leqslant H_{i\max} \tag{7-13}$$

式中，H_i——节点 i 的水压，MPa；

$H_{i\min}$——节点 i 允许的最小水压，MPa；

$H_{i\max}$——节点 i 允许的最高水压，MPa。

（6）管径限制。

$$\begin{cases} d_i \geqslant d_{\min} \\ d_i \in \boldsymbol{D} = \{D_1, D_2, \cdots, D_n\} \end{cases} \tag{7-14}$$

式中，d_i——管段 i 的管径，mm；

$d_{\min}$——行业标准所要求的最小允许管径，mm；

$\boldsymbol{D}$——市面上可获得的标准管径集合。

7.4 矿井供水管网目标函数的求解

遗传算法的设计主要包括编码设计、初始群体设计、适应度函数设计、遗传算子设计和相关参数设定。结合防尘管网优化模型的特点，为了保证遗传算法的收敛性，提高遗传算法收敛速度，在对染色体进行编码时采取整数编码，选择操作采用精英保留策略，交叉和变异均采用自适应策略改进遗传操作，每代种群的个体数根据工程实例的复杂情况而定，迭代的次数根据结果的稳定性和精度要求来确定。

1. 编码设计

由于遗传算法在求解过程中，约束条件一般为连续的，而本文中研究的管径为离散型的整数，因此需要对管径进行编码，从而将管径由离散型转化为连续型。最初遗传算法大多采用的是二进制编码，用一组二进制数来表示一组管径，如某种管径组合为｛200，300，400，500，600，700，800，900｝，则对应的二进制数组合为｛000，001，010，011，100，101，110，111｝。可以看到，想表示一个8种管径的组合，需要用一个长度为24位的二进制字符串来表示，大大加大了计算机的计算工作量，同时编码也显得冗余。因此本文选用整数编码对管径进行编码，可以缩短编码长度，并且也符合一般的操作习惯。矿井供水管网用到的管径一般有8种，结合上一节中的界限流速，根据管径与流速、流量的关系式 $D=\sqrt{\frac{4Q}{\pi v}}$，已知最大、最小流速限制和设计的需水量，即可得到该管段的备选管径的组合。优化管径规格化的约束取值范围如表7-2所示。开始计算时需要编码，当代入目标函数计算时需要解码。

表7-2　优化管径规格化的约束取值范围

原管径	编码数	可选管径组合	对应约束范围
60	1	｛60，89，108｝	｛1，2，3｝
89	2	｛60，89，108｝	｛1，2，3｝
108	3	｛89，108，127｝	｛2，3，4｝
127	4	｛89，108，127｝	｛2，3，4｝
159	5	｛108，127，159，219｝	｛3，4，5，6｝

续表

原管径	编码数	可选管径组合	对应约束范围
219	6	{159，219，351}	{5，6，7}
351	7	{219，351，402}	{6，7，8}
402	8	{351，402}	{7，8}

2. 初始种群产生

首先确定种群规模，再随机在约束范围内产生相应数量的个体，即为初始种群。本书中根据表7－2的约束范围，随机产生出 n 个管径的组合。n 为种群规模，即每代中的个体数，则可以得到个体数为 n 的父代种群：

$$X=\begin{Bmatrix} x_1 & \cdots & x_{1m} \\ x_2 & \cdots & x_{2m} \\ \vdots & \vdots & \vdots \\ x_n & \cdots & x_{nm} \end{Bmatrix} \tag{7-15}$$

在本书中，m 为管网中的管段数，n 为个体数，则 x_{nm} 为第 n 个个体中第 m 个管段的管径。

将父代种群分别代入目标函数中进行计算，即可得到相应的 n 个目标函数值，并从小到大依次排序，如式（7－16）所示，其中最前面 i 个个体为优秀个体：

$$f_i(X)<f_{i+1}(X)\quad (i=1,\ 2,\ \cdots,\ n-1) \tag{7-16}$$

3. 适应度函数设计

遗传算法在进化搜索过程中，适应度函数（Fitness Function）是检验其搜索结果好坏的唯一标准。因此为了保证结果的准确性，要根据实际情况选用合理的适应度函数。适应度函数一般将优化目标函数进行转化，映射成适应度函数。本章中采用加入惩罚函数来将有约束的优化目标函数转化为无约束的目标函数，本章的优化目标函数可写成如下形式：

$$f=\begin{cases} C_{\max}-[f(D)+\lambda_1(D)+\lambda_2(D)] & F(D)+\lambda_1(D)+\lambda_2(D)<C_{\max} \\ 0 & F(D)+\lambda_1(D)+\lambda_2(D)\geqslant C_{\max} \end{cases} \tag{7-17}$$

式中，f——个体适应度函数；

$C_{\max}$——任意一个满足条件的合适输入值；

$f(D)$——管网经济性和可靠性综合目标函数值；

$\lambda_1(D)$、$\lambda_2(D)$ ——惩罚函数。

由式（7－17）可看出，适应度函数 f 由管网的优化目标函数和惩罚函数两部分组成，从而反应一组管径组合方案的优化程度。其中两个惩罚函数具体用式（7－18）和式（7－19）表示：

$$\lambda_1(D)=\begin{cases}\sum K_1(H_{i\min}-H_i)^2 & H_i<H_{\min}\\ \sum K_2(H_{i\max}-H_i)^2 & H_i>H_{\max}\\ 0 & \text{其他}\end{cases} \tag{7-18}$$

$$\lambda_2(D)=\begin{cases}\sum K_3(v_{\min}-v_{ij})^2 & v_{ij}<v_{\min}\\ \sum K_4(v_{\max}-v_{ij})^2 & v_{ij}>v_{\max}\\ 0 & \text{其他}\end{cases} \tag{7-19}$$

式中，K_1、K_2、K_3、K_3 为惩罚因子，惩罚因子的取值通过具体工程实例多次试算而得。

在利用遗传算法进行求解时，将每一代中的个体（即一组管径组合）代入适应度函数进行计算，最后根据适应度值的大小来选择每代最优的个体，然后依次循环计算每一代的最优个体，进行排序后可以得到迭代完毕后的最优个体。

4. 遗传算子设计

遗传算法的核心是通过交叉和变异来完成整个进化过程。应用遗传算法求解防尘管网优化模型时，交叉算子采用两点交叉，根据个体适应度的高低，按适应度比例法随机从遗传种群中选择两个亲代个体，随机交换它们的部分字串，产生两个新的子代个体。变异算子采用单点变异，变异算子随机地选择个体上的某个基因位，将其随机变为另一个可能的值，这样就引入了新的遗传基因。

应用遗传算法求解防尘管网优化模型时，采用自适应策略改进固定交叉率和变异率的简单遗传操作。自适应变异算子与固定变异算子的不同之处是，交叉率和变异率不是固定不变的，而是随种群中个体多样性程度自适应调整。使得适应值大的个体在较小范围内变异，适应值小的个体在较大范围内变异。自适应变异算子中引入了变异温度的概念，类似于模拟退化算法中的温度概念。自适应交叉率 P_c 和自适应变异率 P_m 计算分别如式（7－20）、式（7－21）所示。

$$P_c=\begin{cases}1.00-\dfrac{0.75\times(f'-f_{avg})}{f_{max}-f_{avg}} & f'\geq f_{avg}\\ 1.00 & f'<f_{avg}\end{cases} \tag{7-20}$$

$$P_m=\begin{cases}0.01-\dfrac{0.009\times(f'-f_{avg})}{f_{max}-f_{avg}} & f'\geq f_{avg}\\ 0.01 & f'<f_{avg}\end{cases} \tag{7-21}$$

式中，f'——个体适应度；

f_{avg}——种群平均适应度；

f_{max}——种群中适应度最大值。

遗传算法还有另一个重要的算子就是选择。选择有很多种方法，如赌盘选择法，锦标赛选择法和随机遍历抽样法等。近几年由于赌盘选择法用得较广，且结果较精确，因此本章选用的也是赌盘选择法。其基本原理是按照个体的适应度值来计算个体在下一代中出现的数学期望，从而计算出在下一代中出现的概率，并按照该概率在该代种群中随机选取个体构成下一代种群，该方法的优点在于适应度值好的个体容易被选中。

本章在进行保优个体时还采用了精英保留策略，即当前种群中适应度最高的个体不参与交叉运算和变异运算，而是用它来代替本代群体中经过交叉、变异等遗传操作后所产生的适应度最低的个体，这样能够保证最优个体不在遗传过程中被破坏。

第8章　矿井供水管网可靠性评价及优化仿真模拟系统开发及应用

现在的供水管网信息管理系统大多向可视化、智能化发展，致力于为用户提供更方便、更新颖的功能。而本文编制的矿井供水管网可靠性评价及优化仿真模拟系统主要功能是对供水管网进行可靠性评价和优化，力求为工程实际解决问题，因此主要目的在于算法的合理性和精确性。基于前几章对矿井防尘供水管网可靠性评价、优化目标函数的建立及求解的研究，编制了矿井供水管网可靠性评价及优化仿真模拟系统。本章主要论述该系统的设计、功能实现，并结合工程实例进行操作。

8.1　系统组成及特点

Matlab 是一套功能强大的工程计算软件，已广泛地应用于自动控制、机械设计和数理统计等工程领域。Matlab 将常用的复杂函数变成自带的函数库，开发者在编程时只需进行调用即可，从而摆脱了烦琐的程序代码。Matlab 可以高效求解复杂的工程问题，在计算目的相同情况下，与其他编程语言相比，能够大大提高编程效率，降低开发者工作量。Matlab 还能对系统进行动态的仿真模拟，用强大的图形功能对计算结果进行全方位显示。同时 Matlab 提供的 GUI 工具箱，能够为开发者提供程序的界面设计，将算法和面向对象结合，使开发者既能作为使用者，也能作为程序的开发者。

美国环保局开发的水力评差软件 EPANET 由于其强大的水力计算功能，在水力计算领域一直被高校、个人等广泛应用。开发者将其水力计算核心封装，对外免费开放。该水力计算代码采用的 C 语言编写，可以通过函数接口被其他语言所调用，这样就能结合其他语言平台进行二次开发。

为了保证计算结果的准确性和用户的可操作性，本系统结合 Microsoft Access数据库完善的数据信息管理功能，调用 EPANET 强大的水力计算引擎，基于 Matlab 强大的数学计算功能和 GUI 工具箱提供的可视化窗体，开发了矿井供水管网可靠性评价及优化仿真模拟系统。该系统不仅可以对矿井防尘供水管网进行信息管理，还能够对防尘供水管网进行可靠性评价、水力计算、分析和优化设计。该系统具有如下特点：

（1）每个子系统操作保持一致，直观简单，用户可以很容易掌握。

（2）用户可以自主绘制管网结构，输入相关属性信息。

（3）信息查询修改方便、灵活、多样、迅速。

（4）结果可用多种形式显示，如表格或图形。

（5）调用 EPANET 的水力计算引擎，计算结果准确。

8.2 系统设计与实现

该系统的功能设计采用模块设计，将程序的一些功能分割成一些小模块，编写独立的代码，这样每一个模块就成为功能单一，结构清楚，容易掌握的小程序，这样设计有利于提高系统的可靠性和安全性，方便开发者管理。除此以外，系统的设计还应遵循以下原则：

（1）可扩展性和易维护性原则。

系统应该要考虑到随着计算机的发展，一方面能够对其相关功能进行扩充和增强，另一方面以便以后进行整体移植。

（2）安全性和可靠性原则。

建立数据库时要考虑到系统的安全性、准确可靠，不要受外来因素的影响导致资源泄露。算法要规范高效、以保证系统能够稳定运行。

（3）可操作性原则。

在满足用户基本功能需求的基础上，系统的设计应该有良好的人机交流界面，让用户对系统的主要功能模块一目了然，易学易懂，操作简便；同时应以图形和表格形式展示管网信息，使结果更加直观。

（4）科学性和规范性原则。

系统的设计要依据软件工程的思想，保证整体框架的科学性和合理性；同时各算法要符合基本原理，供水管网的信息编码要符合相关行业规范。

遵循以上系统设计原则，该系统功能图如图 8 – 1 所示。

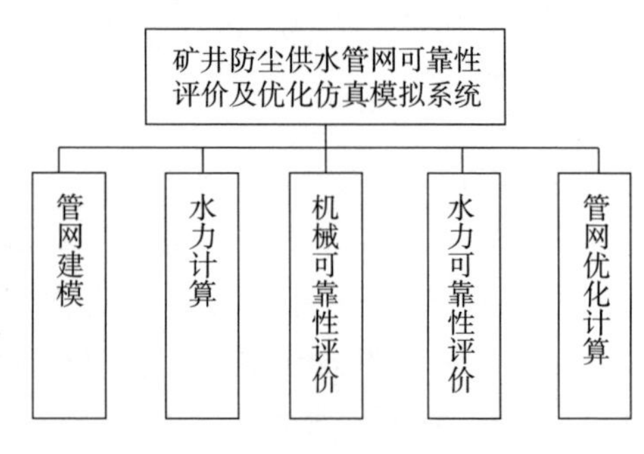

图 8 – 1　矿井防尘供水管网可靠性评价及优化仿真模拟系统功能图

系统数据库整体结构如表 8 - 1 所示。

表 8 - 1　系统数据库整体结构

子数据库	包含的数据表
管网建模	管段属性表、节点属性表、水源属性表
水力计算	水力计算节点信息表、水力计算管段信息表
机械可靠度评价	评价指标数据表、评价结果表
水力可靠度评价	管段参数表、管网可靠度结果表
管网优化计算	优化结果表

8.2.1　主界面

该系统主界面美观、简明，让用户能够一目了然该系统的主要核心功能，如图 8 - 2 所示。主界面左边是工具框，用来绘制节点、管段；界面中间是绘图区，显示管网模型和水力计算后的结果，对于绘制好的管网可以通过菜单栏进行打开、新建和保存操作；界面右边是功能区，可以进行水力计算、机械可靠度评价、水力可靠度评价和优化设计。单击每一个功能按钮都会弹出相应独立的窗体，用户在相应窗体里进行操作即可。为了维护软件的使用权，在进入系统主界面之前，通过登录界面进入系统。同时还为用户提供了注册和修改密码功能。

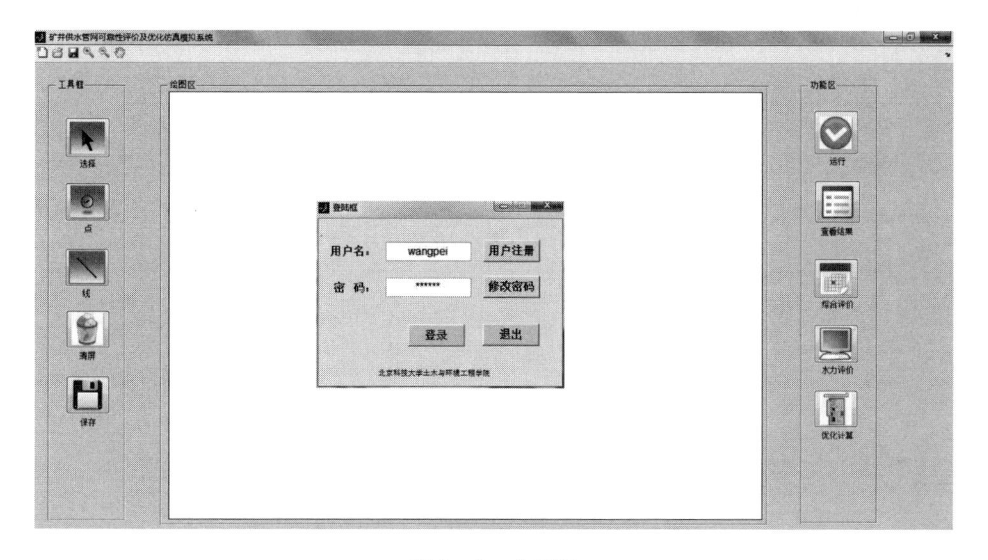

图 8 - 2　主界面

8.2.2 管网建模与水力计算模块

1. 数据库设计

本模块包含对绘制的管网图形保存，同时还要对管段、节点、水源的属性值以及水力计算结果进行保存，因此设计以下数据表，如表 8－2～表 8－6 所示。

表 8－2 管段属性表

字段名称	数据类型	主键	允许为空	说明
管段 ID	数字	是	否	标识管段唯一
起始节点	数字	否	是	记录管段起始节点编号
终止节点	数字	否	是	记录管段终止节点编号
管长	数字	否	是	记录管段长度
管径	数字	否	是	记录管段直径
粗糙度	数字	否	是	记录管段内壁粗糙度

表 8－3 节点属性表

字段名称	数据类型	主键	允许为空	说明
节点 ID	数字	是	否	标识节点唯一
X 坐标	数字	否	是	记录节点 *X* 坐标
Y 坐标	数字	否	是	记录节点 *Y* 坐标
标高	数字	否	是	记录节点标高
基本需水量	数字	否	是	记录基本需水量

表 8－4 水源属性表

字段名称	数据类型	主键	允许为空	说明
水源 ID	数字	是	否	标识水源唯一
X 坐标	数字	否	是	记录水源 *X* 坐标
Y 坐标	数字	否	是	记录水源 *Y* 坐标
标高	数字	否	是	记录水源标高
初始水位	数字	否	是	记录初始水位

表 8－5　水力计算节点信息表

字段名称	数据类型	主键	允许为空	说明
节点 ID	数字	是	否	标识节点唯一
总水头	数字	否	是	记录节点总水头
压力	数字	否	是	记录节点压力

表 8－6　水力计算管段信息表

字段名称	数据类型	主键	允许为空	说明
管段 ID	数字	是	否	标识管段唯一
流量	数字	否	是	记录管段流量
流速	数字	否	是	记录管段流速

2. 模块功能实现

管网建模界面如图 8－3 所示。单击“点”按钮可以在绘图区绘制节点，并且自动编号，单击“线”按钮可以在绘图区绘制管段，并且自动编号。

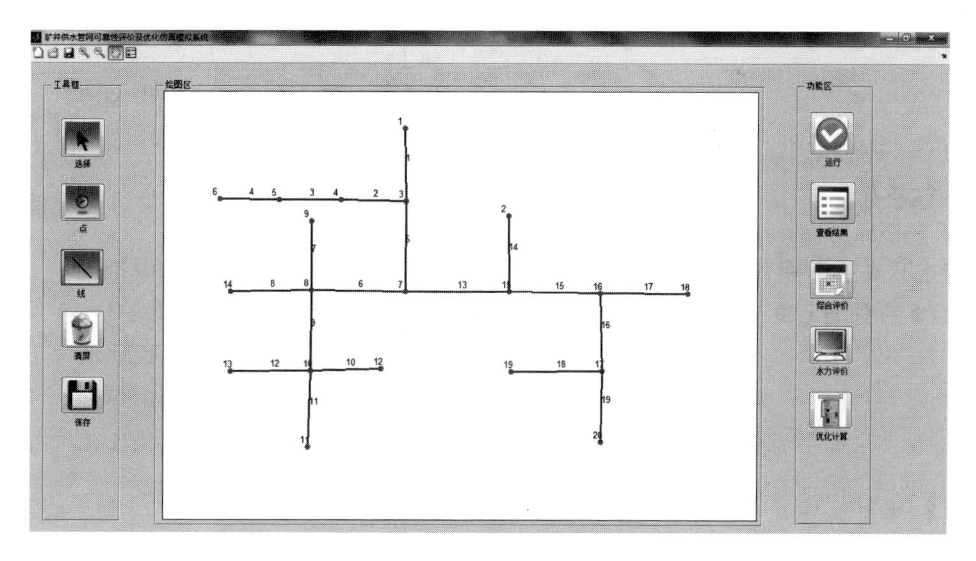

图 8－3　管网建模界面

右键单击节点和管段可以设置属性值，如图 8－4 所示，在进行水力计算、评价以及优化设计时都要通过该属性值进行计算。

在绘制完管网模型，以及输入完各参数值后保存管网，调用 EPANET 动态

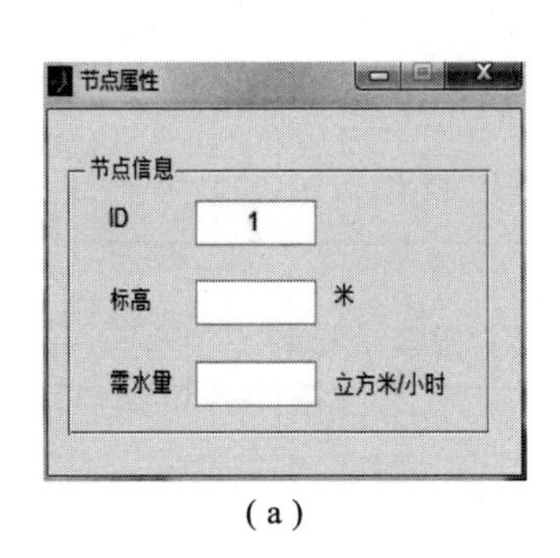

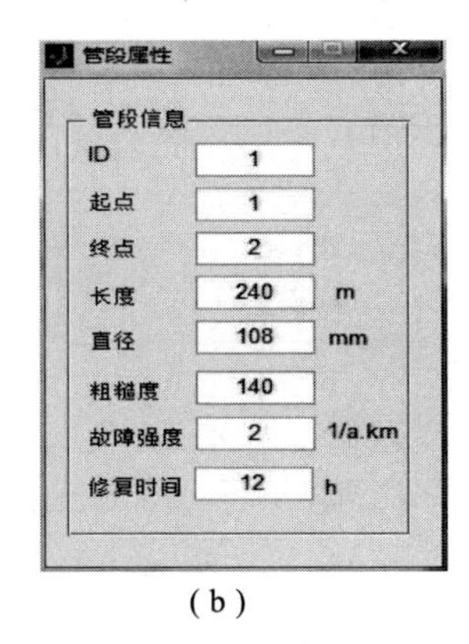

(a) (b)

图 8－4 节点和管段属性对话框

(a) 节点属性；(b) 管段属性

链接库进行水力计算。调用 EPANET 采用混合节点－环方法求解第 7 章中约束条件中给定时间点管网水力状态的流量连续性和水头损失方程组，即式(7－8)~式(7－10)。采用梯度法开始估计每一管道的初始流量，不必满足流量连续性，通过求解矩阵方程找到节点水头：

$$\boldsymbol{A}\boldsymbol{H}=\boldsymbol{F} \tag{8-1}$$

式中，$\boldsymbol{A}$——雅柯比矩阵（$N\times N$）；

$\boldsymbol{H}$——未知节点水头的向量（$N\times 1$）；

$\boldsymbol{F}$——右侧向量（$N\times 1$）。

节点 i 和 j 之间管段水头损失关于流量求导的倒数可表示为

$$p_{ij}=\frac{1}{nr\ |Q_{ij}|^{n-1}+2m\,|Q_{ij}|} \tag{8-2}$$

在求解式（8－1）之后，计算新的水头之后，新的流量为

$$Q_{ij}=Q_{ij}-[y_{ij}-p_{ij}(H_i-H_j)] \tag{8-3}$$

如果绝对流量变化之和相对于所有管段的总流量，大于容许数值（例如 0.001），那么式（8－1）和式（8－3）重新求解。流量更新式（8－3）总是使迭代之后的每一节点的流量保持连续。

EPANET 在进行水力计算时，首先将节点排序，利用系数矩阵方法求解方程（8－1）。再对第一次迭代进行管道的流量估计，并且通过 Hazen-Williams 公式 $10.667C^{-1.852}d^{-4.871}L$ 计算管道的阻力系数，其中 C 为管道粗糙系数，钢管选取 140~150。计算速度水头的局部损失系数 K 时，通过式 $m=\dfrac{0.02517K}{d^4}$

将其转换为基于流量的系数 m。每一次需水量方式改变时，都从新计算式（8－1）和式（8－3），从而产生新的迭代集合。

单击运行按钮之后，调用 EPANET 动态链接库进行水力计算并且可将得到的节点压力值和管段流量值显示在管网图上，如图 8－5 所示，同时还能以表格的形式显示结果，如图 8－6 所示。

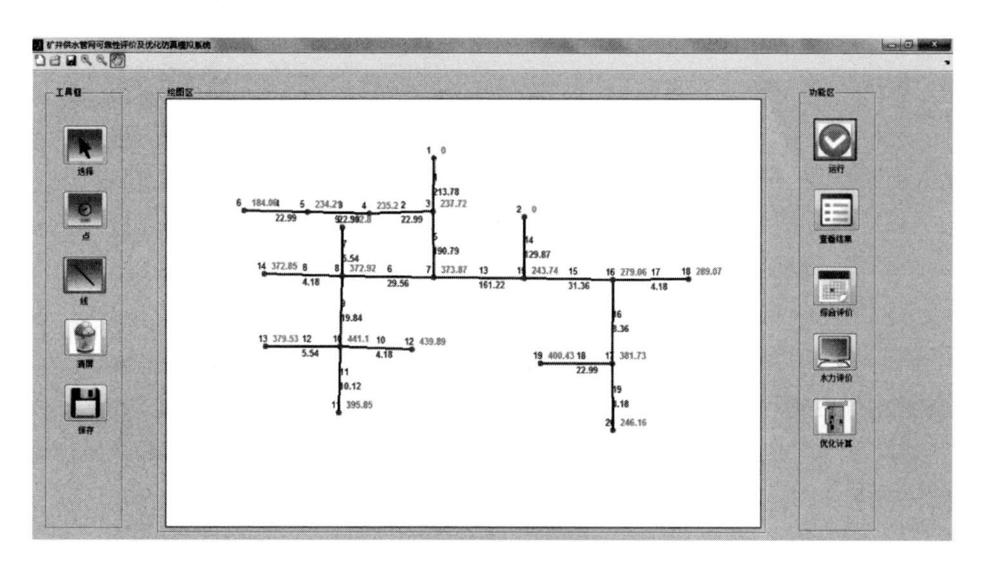

图 8－5　运行结果地图显示

结果显示

节点信息

	节点ID	需水量（m3/h）	压力（MPa）
1	1	-213.7800	0
2	2	129.8700	0
3	3	0	2.3772
4	4	0	2.3520
5	5	0	2.3421
6	6	22.9900	1.8406
7	7	0	3.7387
8	8	0	3.7292
9	9	5.5400	3.4280
10	10	0	4.4110
11	11	10.1200	3.9585
12	12	4.1800	4.3989
13	13	5.5400	3.7953
14	14	4.1800	3.7285
15	15	0	2.4374
16	16	0	2.7906
17	17	0	3.8173
18	18	22.9900	2.8907
19	19	4.1800	4.0043
20	20	4.1800	2.4616

管段信息

	管段ID	长度（m）	直径（mm）	流量（m3/...	流速（m/s）
1	1	240	159	213.7800	2.9900
2	2	2000	159	22.9900	0.3200
3	3	400	108	22.9900	0.7000
4	4	600	108	22.9900	2.5000
5	5	600	159	190.7900	2.6700
6	6	120	108	29.5600	0.9000
7	7	320	108	5.5400	0.1700
8	8	296	108	4.1800	0.1300
9	9	480	108	19.8400	0.6000
10	10	326	60	4.1800	0.4100
11	11	226	108	10.1200	0.3100
12	12	250	60	5.5400	0.5400
13	13	1200	108	161.2200	4.8900
14	14	600	108	129.8700	3.9400
15	15	190	108	31.3600	0.9500
16	16	430	108	8.3600	0.2500
17	17	600	108	22.9900	0.7000
18	18	350	60	4.1800	0.4100
19	19	1500	60	4.1800	0.4100

图 8－6　结果表格显示

EPANET 水力分析引擎提供了函数接口，本系统中主要用的函数如表 8－7 所示。本系统在进行水力计算时直接调用函数即可。

表 8－7　EPANET 接口函数表

函数名	形式	说明
ENopen	int ENopen （char * f1，char * f2，char * f3）	打开工具箱来分析特定的配水系统
ENclose	int ENclose （void）	关闭工具箱包括所有的进程
ENgetcount	int ENgetcount （int32，int32Ptr）	获取各种物理构建的数量
ENgetlinkid	int ENgetlinkid （int index，char * id）	获取管段的标签编号
ENgetlinkvalue	int ENgetlinkvalue （int index，int paramcode，float * value）	获取管段的各种属性值
ENgetnodeid	int ENgetnodeid （int index，char * id）	获取节点的标签编号
ENgetnodevalue	int ENgetnodevalue （int index，int paramcode，float * value）	获取节点的各种属性值
ENsetlinkvalue	int ENsetlinkvalue （int index，int paramcode，float value）	设置管段各种属性值
ENsetnodevalue	int ENsetnodevalue （int index，int paramcode，float value）	设置节点各种属性值
ENopenH	int ENopenH （void）	打开水力分析系统
ENinitH	int ENinitH （int saveflag）	将水源等参数初始化
ENrunH	int ENrunH （long * t）	进行时间序列的水力分析
ENsolveH	int ENsolveH （void）	关闭水力分析系统

8.2.3　机械可靠度评价模块

1. 数据库设计

在第 3 章中已经论述了矿井防尘供水管网机械可靠性评价的指标体系和评价方法，因此系统需要建立机械可靠性评价数据库，用来存储评价指标信息和评价结果，具体数据表如表 8－8 和表 8－12 所示。

表 8－8　评价指标数据表

字段名称	数据类型	主键	允许为空	说明
矿井 ID	自动编号	是	否	标识矿井评价信息唯一
矿井名称	文本	否	是	记录矿井名称
管材	数字	否	是	记录管网钢管使用率
管径	数字	否	是	记录管网平均管径

续表

字段名称	数据类型	主键	允许为空	说明
服役年限	数字	否	是	记录管网使用年限
接口形式	数字	否	是	记录球墨管接口使用率
水压	数字	否	是	记录平均水压
流速	数字	否	是	记录平均流速
悬浮物含量	数字	否	是	记录管网水质悬浮物含量
悬浮物粒度	数字	否	是	记录管网水质悬浮物粒度
水的 pH 值	数字	否	是	记录管网水质 pH 值
水的硬度	数字	否	是	记录管网水的硬度
管网施工质量	数字	否	是	记录管网施工质量分值
突发事故破坏	数字	否	是	记录突发事故破坏分值
维护投入	数字	否	是	记录维护投入比
检修力度	数字	否	是	记录检修力度

8.2.4　水力可靠度评价模块

1. 数据库设计

根据第 3 章中水力可靠度评价模型、QMC 方法的原理介绍和第 4 章中的应用，需要建立存放管段参数、管段故障状态下节点可用水量和整个管网可靠度的数据库表，具体如表 8－9 和表 8－10 所示。

表 8－9　管段参数表

字段名称	数据类型	主键	允许为空	说明
管段 ID	数字	是	否	标识管段唯一
管长	数字	否	是	记录管段长度
故障强度	数字	否	是	记录矿井名称
修复时间	数字	否	是	记录矿井供水管网可靠度分值

表 8－10　管网可靠度结果表

字段名称	数据类型	主键	允许为空	说明
ID	自动编号	是	否	标识管段参数唯一
矿井名称	文本	否	是	记录管段长度
模拟次数	数值	否	是	记录模拟次数
可靠度值	数值	否	是	记录管网水力可靠度值

2. 模块功能实现

水力可靠度评价要基于之前的管网建模和水力计算之上，在保存好相应文件后，只需要在下拉菜单里选择矿名，输入模拟次数，单击计算就可以得到水力可靠度值和模拟结果的变化情况，如图 8－7 所示。最后单击“保存结果”按钮可将结果保存至数据库。

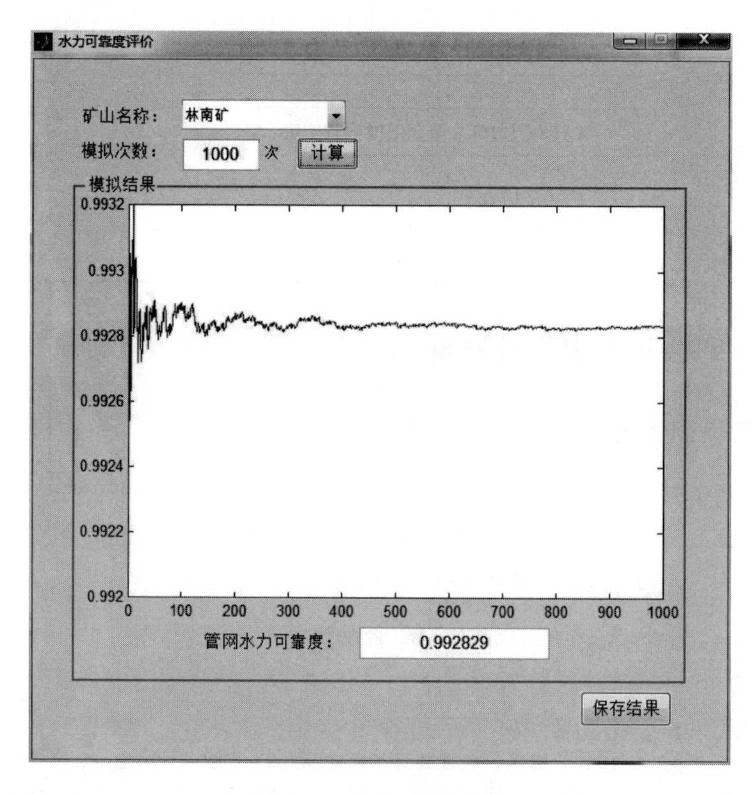

图 8－7　水力可靠度评价

8.2.5　管网优化计算模块

1. 数据库设计

管网优化模块主要需要存储优化后的管径、经济目标函数和可靠性目标函数值，所建数据表如表 8－11 所示。

表 8－11　优化结果表

字段名称	数据类型	主键	允许为空	说明
ID	自动编号	是	否	标识优化结果唯一
矿井名称	文本	否	否	记录矿井名称
优化前管径	数字	否	是	记录优化前管段 1－n 的管径
优化后管径	数字	否	是	记录优化后管段 1－n 的管径
优化前经济值	数字	否	是	记录优化前经济值
优化后经济值	数字	否	是	记录优化后经济值
优化前可靠值	数字	否	是	记录优化前可靠值
优化后可靠值	数字	否	是	记录优化后可靠值

2. 模块功能实现

绘制完管网图和进行水力分析之后，在下拉菜单选取要进行优化的矿山名称，即在优化前框里显示优化前管段属性、经济值和可靠度，单击优化计算后，在优化后框里显示优化后的管段属性、经济指标以及可靠度，如图 8－8 所示，这样以便对比优化前后的经济和可靠度指标变化。

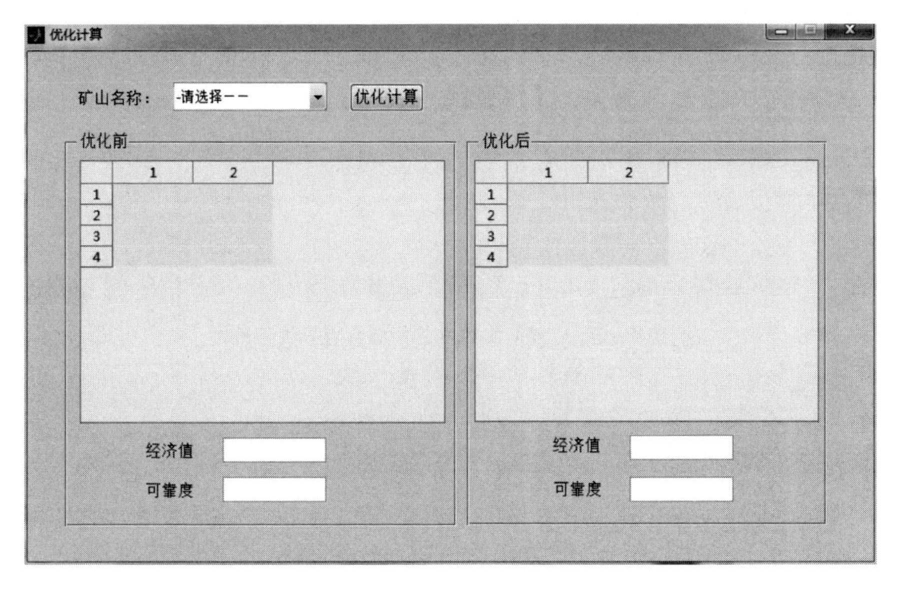

图 8－8　优化设计

优化模块要基于水力可靠度评价、管网建模及水力计算模块之上，采用的优化算法为自适应遗传算法，算法流程在第 7 章中已经详细讲解。

3. 可靠性评价

矿井防尘供水管网综合可靠性评价如图 8－9 所示。在矿山名称栏里输入名称，评价指标里输入各项指标值，单击“保存”按钮将数据保存在评价指标数据库里；若想对之前保存的管网信息进行修改，可以单击下拉菜单选择矿名，各指标值会自动读取到相应位置，修改完后单击“修改”按钮即可。指标输入完后，单击“评价”按钮即在可靠度分值和等级栏里显示评价结果，并同时将结果保存至评价结果表里，如表 8－12 所示，单击“退出”按钮可退出该窗口，若想重新评价，单击“重置”后再重复以上操作。

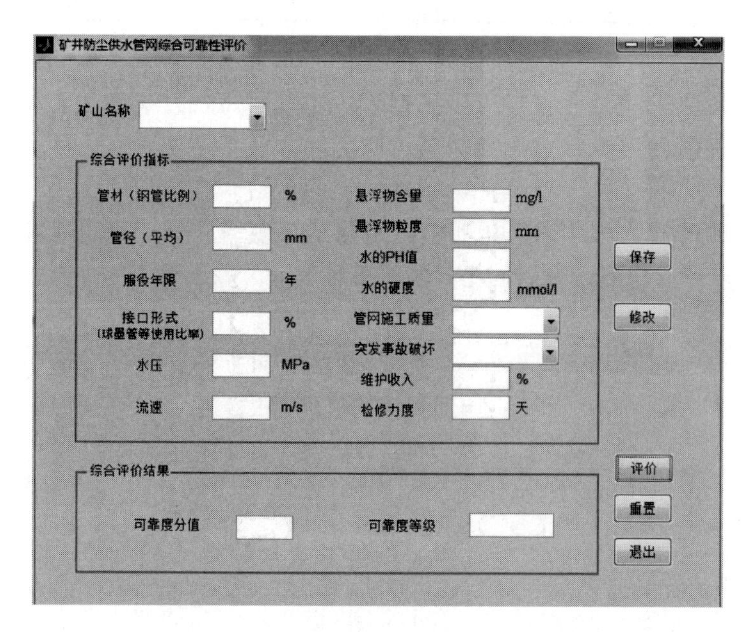

图 8－9　矿井防尘供水管网综合可靠性评价

表 8－12　评价结果表

字段名称	数据类型	主键	允许为空	说明
矿井 ID	自动编号	是	否	标识矿井评价信息唯一
矿井名称	文本	否	是	记录矿井名称
可靠度分值	数字	否	是	记录矿井供水管网可靠度分值
可靠度等级	数字	否	是	记录矿井供水管网可靠度等级

在第 6 章中通过模拟试验，已经确定好各参数的输入值，并通过对样本数据不断试验确定了隐含层节点数，还可以保存好建好的 BP 神经网络。因此用

户只需输入评价的指标值即可获取可靠度评价结果。

8.3　实例应用一

8.3.1　管网现状

A 矿防尘供水采用井下水源加压供水与静压供水相结合的方式，供水管网呈树状布置。防尘供水管路的管材主要采用 ϕ108 mm 无缝钢管和 ϕ57 mm 无缝钢管。各主要管路的管径、管质现状如表 8－13 所示。

表 8－13　A 矿防尘供水管路现状

地点	规格/mm	长度/m	管质	使用时间/年
风井立井	159	240	良好	20
－240 西大巷	159	2 000	良好	5
－240 东大巷	108	1 200	良好	10
西二小 12 槽正眼	60	600	良好	4
1225 采面顺槽	60	500	良好	1
－240 西二大大巷	159	600	良好	7
西二大 12 槽正眼	60	600	良好	6
西二大 11 槽正眼	60	300	良好	5
－400 西大巷	60	2 500	良好	10
1270 皮带巷	60	1 200	锈蚀	10
主石门	60	500	良好	2
副石门	60	800	良好	3
－387 及主皮带	60	900	锈蚀	10
副井南绕道	60	480	良好	2
暗井南绕道	60	320	良好	2
－400 东大巷	60	1 000	良好	8
－240 人车上山	108	600	良好	3
二中系统	60	250	良好	3
东翼皮带巷	60	1 000	良好	5
－500 人车下山	60	500	良好	2

续表

地点	规格/mm	长度/m	管质	使用时间/年
-500 轨道及大巷	108	1 200	良好	5
-650 轨道下山	60	800	良好	2
-620 大巷	60	400	良好	3
-650 大巷	60	800	良好	2
-650 皮带巷	60	1 300	良好	2
-650 东二大上山	60	500	良好	1
2226 专用运输巷	60	400	良好	1
-650 西正眼	108	600	良好	3
-650 东正眼	108	800	良好	3
东下小 11 槽正眼	60	800	良好	2
2222 柱顺槽	108	1 200	良好	1
2226 顺槽	108	150	良好	2
东一采区 12 槽正眼	108	600	良好	3
-500 东大巷	60	1 100	良好	5

由表 8-13 可以看出，A 矿防尘供水管网各主要管路中：有 5 条管路的使用时间在 10 年以上，其中风井立井这条管路的使用时间为 20 年，虽外观良好，但考虑其目前并未投入使用，因此若重新启用该管路，应先对其进行供水能力和承压试验；对于 1270 皮带巷和 -387 及主皮带两条管路使用时间都已达 10 年，并且已经出现了明显的锈蚀，应尽快进行更换；其余绝大部分管路的使用时间都在 5 年左右，管质良好。A 矿防尘供水管网依据经验设计，没有经过优化，管网系统较为复杂，且随着井下工作面的变化，改造难度逐步增大，部分供水管路管径偏小，造成管路压力损失较大，绝大部分用水点水压不足。因此，有必要对 A 矿供水管网进行系统的优化。

8.3.2 管网优化设计方案

1. 优化模型求解参数设置

经济目标函数式（7-8）中，平均电价 $E=0.53$ 元/（kW·h），供水不均匀系数 $\gamma=0.4$，水泵效率 $\eta=0.8$，折旧率 3.1%，银行年利率 $a=6.6\%$，本文中矿井供水管网资金回收期取 20 年，则资金回收的动态折算系数为

$$\frac{a(a+1)^t}{(a+1)^t-1}=\frac{0.066(0.066+1)^{20}}{(0.066+1)^{20}-1}=0.091$$

则经济目标函数可写为

$$W = 0.122 \times \sum_{j}^{n}(126.6 + 3\,061.9 \times D_j^{\ 1.5}) \times l_j + 227.9 \times \sum_{i}^{m} Q_i H_i \tag{8-4}$$

惩罚函数式（7-18）、式（7-19）中，防尘管网优化模型惩罚因子设置为 $K_1 = 16.75$，$K_2 = 16.75$，$K_3 = 5\,527\,548$，$K_4 = 5\,527\,548$。

防尘管网优化模型管径编码如表7-2所示。每代群体规模为100，最大遗传代数 Max*gen* = 500。

2. 优化设计结果

在进行优化计算时，选取A矿最高日最高时用水量。在第6章里已经给出了A矿最高日24 h设计防尘用水量，并已知防尘管网布置情况和管网基本信息，现应用优化仿真模拟系统对A矿防尘管网进行优化设计。在软件里绘制管网拓扑结构，输入节点和管段的属性值，运行水力计算后将节点压力和管段流量显示在图上，如图8-5所示。通过对A矿防尘供水管网的水力计算及分析，本着满足各采掘工作面防尘用水的水量、水压的原则，对于A矿防尘供水管网提出以下优化建议：

（1）加压措施。

针对现有加压泵加压扬程不足以满足1225综采工作面防尘用水的水压要求的情况，建议更换更大功率的加压泵，针对西一小采区、东二小采区部分采掘工作面标高较高，使得工作面水压较低，无法满足防尘用水的水压要求的情况，建议增设两台离心加压泵。

（2）减压措施。

针对-650西大巷开拓工作面标高较低，水压偏高的情况，建议在-650皮带巷西口供水管路（节点19）安设一个减压阀，该点进口压力3.9 MPa，调节降压0.9 MPa，出口压力1.0 MPa；在-650西大巷供水管路（节点17）安设一个减压阀，该点进口压力3.7 MPa，调节降压1.2 MPa，出口压力2.5 MPa。调节后-650西大巷开拓工作面的水压为2.5 MPa。

再进行优化计算，自适应遗传算法计算结果如图8-10所示，从图中可以看出迭代500次之后适应度值已经稳定，因此这个时候的结果是可靠的，软件运行结果如图8-11所示，将优化后的管网水力计算结果显示在管网图中，如图8-12所示。

选取管网中水压最低节点6和水压最高节点19进行压力对比，结果如表8-14所示，从表中可以看出，优化前最低节点6的水压在最大用水量时不

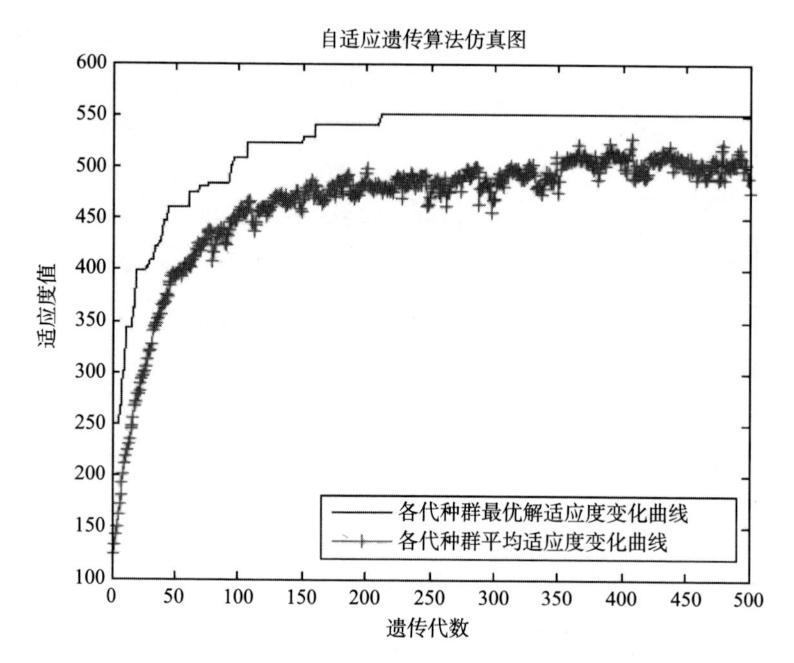

图 8－10　自适应遗传算法计算结果图

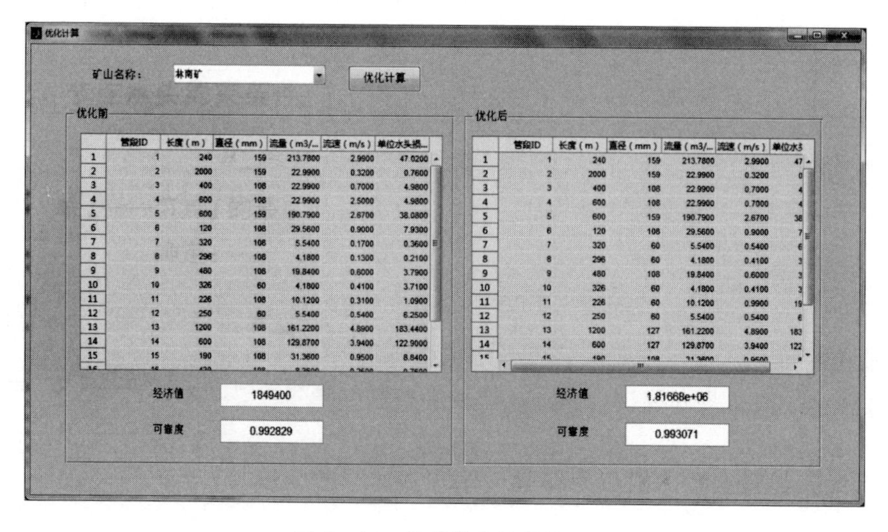

图 8－11　软件优化计算结果

能满足最低水压要求，经过优化后，能够达到最低水压。而水压最高节点，在满足最低水压要求的基础上，水压较原管网低，能够减少管段压力损失。

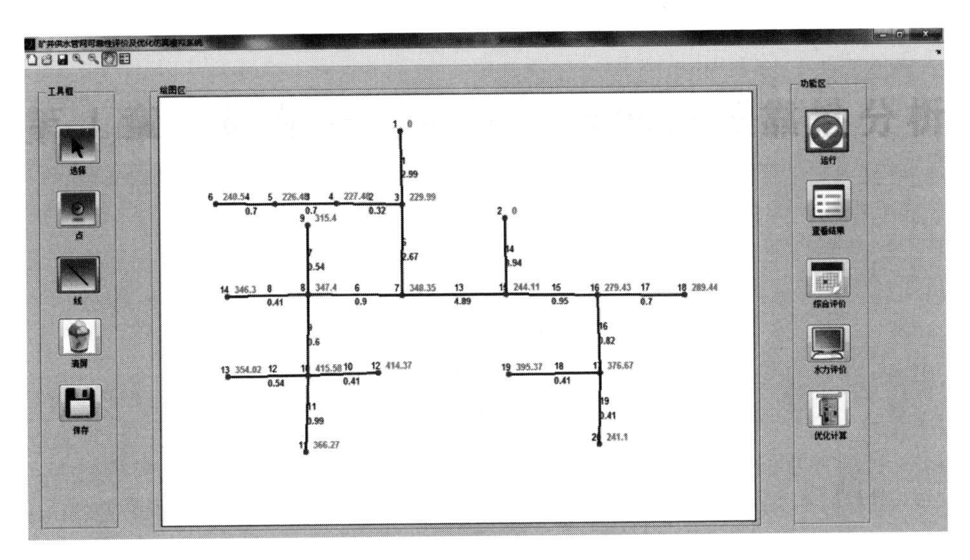

图 8－12　A 矿供水管网优化后水力计算结果

表 8－14　A 矿监测点压力对比

项目	水压最低节点（最大用水量时）			水压最高节点（最大用水量时）		
	编号	H_i/m	$H_{\min}$/m	编号	H_i/m	$H_{\min}$/m
优化前	6	184.06	200	19	400.43	150
优化后	6	240.6	200	19	395.37	150

A 矿防尘供水管网优化前后管径调整如表 8－15 所示，从表中数据可以看出，管径的调整使管路中的水流速度均在界限流速范围内，这样既避免了流速过大对管路产生水锤效应，又避免了流速过小造成的水质恶化现象；最后在防尘供水管网中有效地布置减压阀，降低供水压力至供水管路（无缝钢管）的工作压力之内，从而保证管路在使用年限内的正常工作。

表 8－15　A 矿防尘供水管网优化管径调整

管段编号	原管径/mm	原流速	优化管径/mm	现流速
1	159	1.54	159	1.54
2	159	0.32	159	0.32
3	108	0.7	108	0.7
4	108	1.26	108	1.26
5	159	1.47	159	1.47

续表

管段编号	原管径/mm	原流速	优化管径/mm	现流速
6	108	0.9	108	0.9
7	108	0.17	60	0.54
8	108	0.13	60	0.41
9	108	0.6	108	0.6
10	60	0.41	60	0.41
11	108	0.31	60	0.99
12	60	0.54	60	0.54
13	108	1.79	127	1.68
14	108	1.34	127	1.24
15	108	0.95	108	0.95
16	108	0.25	60	0.82
17	108	0.7	108	0.7
18	60	0.41	60	0.41
19	60	0.41	60	0.41

优化方案对比如表 8-16 所示，从表中数据可以看出，优化后经济目标函数值变小，而可靠度值变大，总目标函数值变小，达到了优化的目的，为企业节省了经费。

表 8-16　优化方案对比

项目	W/元	R	$f(D)$
优化前	1 849 400	0.992 829	856 571
优化后	1 816 700	0.993 071	823 629

8.4　实例应用二

8.4.1　防尘用水量计算

D 矿 1910 年 1 月建成投产，年设计生产原煤 200 万 t，D 矿防尘管网简化图如图 8-13 所示，防尘管网管段流量、管段长度和节点标高如图 8-13 所示。

D 矿共有综采工作面 1 个，炮采工作面 5 个，综掘工作面 1 个，炮掘工作

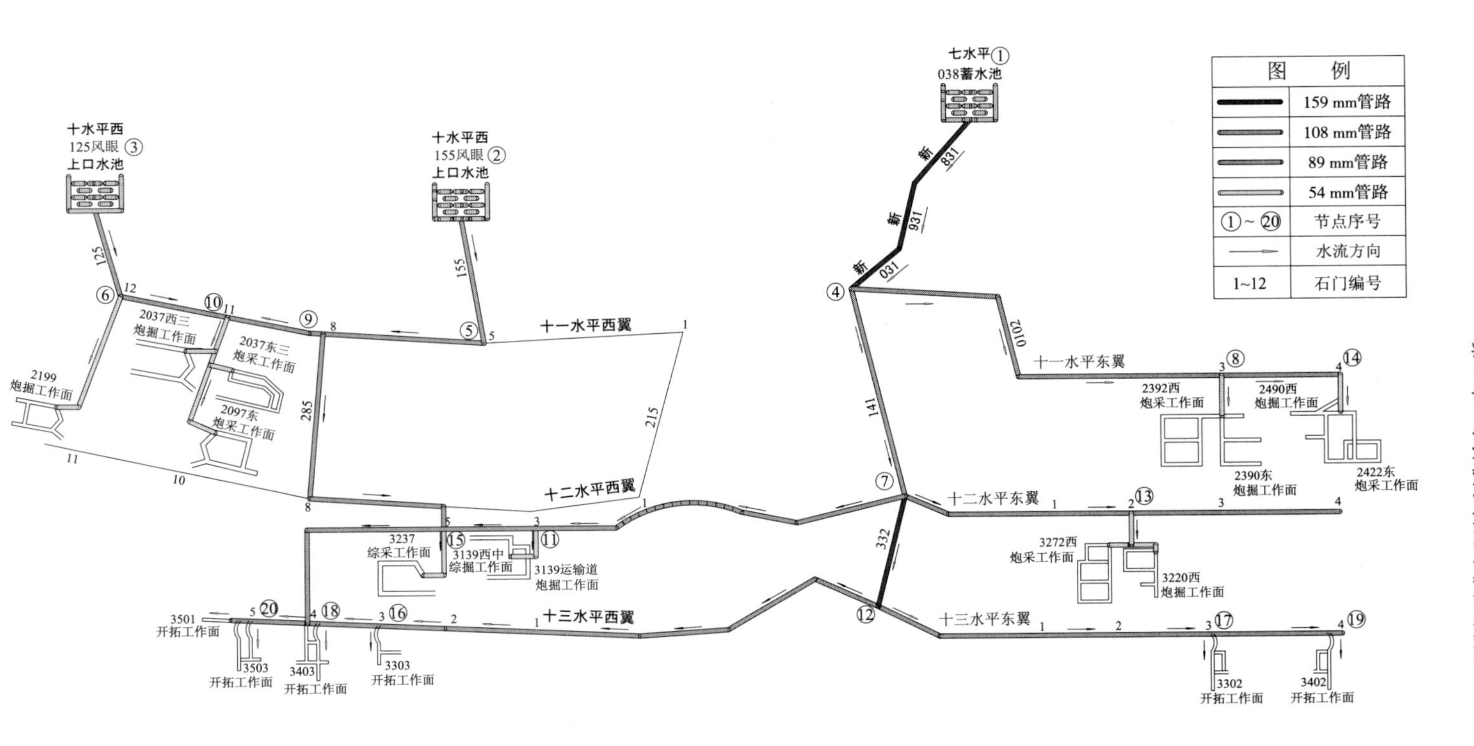

① 七水平038水池	⑤ 11西5石门	⑨ 11西8石门	⑬ 12东2石门	⑰ 13东3石门
② 155风眼上口水池	⑥ 11西12石门	⑩ 11西11石门	⑭ 11东4石门	⑱ 13西4石门
③ 125风眼上口水池	⑦ 232风眼下口	⑪ 12西3石门	⑮ 12西5石门	⑲ 13东4石门
④ 新031风眼下口	⑧ 11东3石门	⑫ 332风眼下口	⑯ 13西3石门	⑳ 13西5石门

图 8-13　D矿防尘管网简化图

面11个，开拓工作面6个。D矿最大防尘用水量为：当井下所有工作面同时工作，所有防尘用水设施全部开启时用水量，加上主要巷道洒水喷雾用水量、乳化液泵站用水量、管网漏损水量以及其他用水量10.0 m^3/h，设计中考虑不可预见水量（总用水量的1%），得到D矿设计用水量为211.3 m^3/h。

D矿采掘工作面防尘用水计算如表8－17所示，D矿防尘管网设计用水量如表8－18所示。优化设计中将运输路线及其他用水量，按照比例平均分配到每个用水节点用水量中，不可预见用水量只作为总防尘用水量计算，不计入管段设计流量计算。

表8－17　D矿采掘工作面防尘用水量计算

类型	防尘设施	数量	单位流量/（$m^3 \cdot h^{-1}$）	工作时间/h
综采	煤层注水	6个钻孔	0.3	24
	采煤机内外喷雾	12个喷嘴	0.9	16
	架间喷雾	20个喷嘴	0.2	16
	转载点喷雾	4个喷嘴	0.25	16
	净化水幕	18个喷嘴	0.3	16
	巷道洒水		1.0	2
综掘	掘进机内外喷雾	6个喷嘴	0.9	12
	锚喷支护喷雾		1.0	8
	转载点喷雾	4个喷嘴	0.25	8
	净化水幕	12个喷嘴	0.3	12
	巷道洒水		1.0	2
炮采	煤层注水	2个钻孔	0.3	24
	湿式煤电钻打眼	1台	0.5	10
	爆破落煤喷雾		2.0	2
	冲洗煤壁		1.0	1
炮采	转载点喷雾	4个喷嘴	0.25	8
	净化水幕	18个喷嘴	0.3	8
	巷道洒水		1.0	2
炮掘	湿式煤电钻打眼	1台	0.5	10
	爆破落煤喷雾		2.0	2
	冲洗煤壁		1.0	1
	锚喷支护喷雾		1.0	6
	转载点喷雾	4个喷嘴	0.25	8
开拓	净化水幕	12个喷嘴	0.3	10
	巷道洒水		1.0	2

续表

类型	防尘设施	数量	单位流量/（$m^3 \cdot h^{-1}$）	工作时间/h
开拓	湿式凿岩机打眼	1台	0.3	6
	爆破落煤喷雾		1.5	2
	装岩洒水		1.0	2
	净化水幕	12个喷嘴	0.3	4

表8－18　D矿防尘管网设计用水量

序号	用水工作面	计算用水量/（$m^3 \cdot h^{-1}$）	设计用水量/（$m^3 \cdot h^{-1}$）	数量/个	总用水量/（$m^3 \cdot d^{-1}$）
1	综采工作面	24.0	25.5	1	384.4
2	炮采工作面	10.0	20.6	5	388.0
3	综掘工作面	11.0	11.7	1	126.0
4	炮掘工作面	7.6	8.1	11	682.0
5	开拓工作面	5.1	5.4	6	220.8
6	运输路线及其他	10.0	0	1	240.0
7	不可预见用水	2.1	0	1	50.4
8	合计	211.3 m^3/h			2 091.6

8.4.2　优化模型求解参数设置

式（7－18）、式（7－19）惩罚因子设置为 $K_1=16.75$，$K_2=16.75$，$K_3=2\ 481\ 348$，$K_4=2\ 481\ 348$。防尘管网优化模型可选管径组合和整数编码同D矿设计，Max$gen=100$。

8.4.3　防尘管网优化设计方案

根据D矿设计防尘用水量，应用软件进行D矿防尘管网优化设计，得到D矿防尘管网设计方案如表8－19所示。应用软件进行D矿管网优化前后水力计算，运行结果如图8－14和图8－15所示。

表8－19　D矿防尘管网设计方案

起点编号	终点编号	现状管径/mm	DWNS优化管径/mm
1	4	108	127
2	5	108	108
3	6	108	127

续表

起点编号	终点编号	现状管径/mm	DWNS 优化管径/mm
4	7	108	108
4	8	108	127
5	9	108	108
6	10	108	127
7	11	108	60
7	12	108	89
7	13	108	89
8	14	108	108
9	10	108	89
9	15	108	127
11	15	108	89
12	16	108	89
12	17	108	89
15	18	108	60
16	18	108	89
17	19	108	60
18	20	108	89

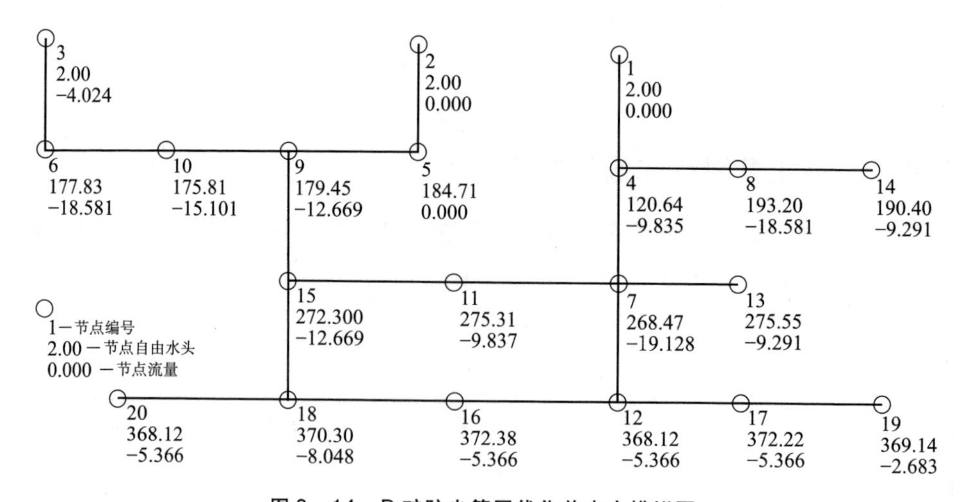

图 8－14　D 矿防尘管网优化前水力模拟图

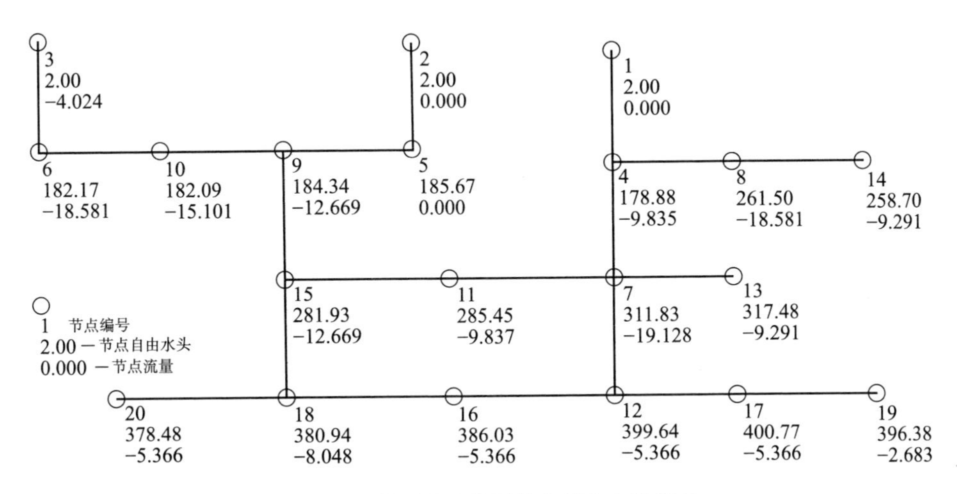

图8-15　D矿防尘管网优化后水力模拟图

选取管网中水压最低节点10和水压最高节点17进行压力对比，如表8-20所示。从表8-20中可以看出，优化后水压也满足了最小水压要求，并且均都提高了，这说明在满足最低水压要求的基础上，水压充分利用了水源点与用水节点的高程差，所选管径最为经济。

表8-20　D矿设计方案监测点水压比较

项目	水压最低节点（最大用水量时）			水压最高节点（最大用水量时）		
	编号	H_i/m	H_{min}/m	编号	H_i/m	H_{min}/m
优化前	10	175.81	150	17	373.22	150
优化后	10	182.09	150	17	400.77	150

表8-21所示为D矿设计方案综合目标函数值比较，从表中可知优化后较总费用节省8.3%，经济性和可靠性综合目标函数值 $F(d)$ 最低。综上比较，得到设计方案在综合考虑防尘管网经济性和可靠性的前提下，其设计方案优于优化前，证明了该软件应用于多水源环状防尘管网优化设计的有效性。

表8-21　D矿设计方案综合目标函数值比较

设计方法	W/元	R	$F(d)$
优化前	827 116	0.982 768	856 571
优化后	763 543	0.990 45	823 629

参 考 文 献

[1] 吴和成．系统可靠度评定方法研究 [M]．北京：科学出版社，2006.

[2] Brown，R. E，Gupta，S，Christie，R. D，et al. Distribution System Reliability Assessment Using Hierarchical Markov Modeling [J]． IEEE Transactions. On Power Delivery，1996，11 (4)：1929 - 1934.

[3] 魏选平，卞树檀．故障树分析法及其应用 [J]．计算机科学与技术，2004，(3)：43 - 45.

[4] 肖刚，李天柁．系统可靠度分析中的蒙特卡罗方法 [M]．北京：科学出版社，2003.

[5] 骆碧君．基于可靠度分析的供水管网优化研究（博士学位论文） [D]．天津：天津大学，2010.

[6] Damelin，E，Shamir，U，and Arad，N. Engineering and economic evaluation of the reliability of water supply [J]． Water Resources Research，1972，8 (4)：861 - 877.

[7] Shamir，U，Howard，C. D. D. An analytic approach to scheduling pipe replacement [J]． AWWA，1979，71 (5)：248 - 258.

[8] H. H. 阿布拉莫夫．给水系统可靠性 [M]．北京：中国建筑工业出版社，1990.

[9] O'Day，D. K. Organizing and analyzing break data for making water main replacement decisions [J]． AWWA，1982，74 (11)：588 - 594.

[10] Walski，T. M.，Pelliccia，A.．Economic analysis of main breaks [J]． AWWA，1982，74 (3)：140 - 147.

[11] Clark，R. M.，Stafford，C. L.，and Goodrich，J. A.．Water distribution system：A spatial and cost evaluation [J]． Water Resources Planning and Management，1982，108 (3)：243 - 256.

[12] Cullinane，J. M.．Reliability evaluation of water distribution system components [J]． Hydraulics and Hydrology in the Small Computer Age，1985，1 (1)：353 - 358.

[13] Tung, Y. K. Evaluation of water distribution network reliability [J]. Hydraulics and Hydrology in the Small Computer Age, 1985, 359 - 364.

[14] Mays, L. w. and Cullinane, M. J. A review and evaluation of reliability concepts for design of water distribution systems [J]. 1986.

[15] Andreous, S. A., Marks, D. H., and Clark, R. M.. A new methodology for modeling break failure patterns in deteriorating water distribution systems: Theory and application [J]. Advances in Water Resources, 1987, 10 (1): 2 - 10.

[16] Yu-Chun Su, Larry W. Mays, and Kevin E. Lansey. Reliability-based optimization model for water distribution systems [J]. Hydraulic Engineering, 1987, 113 (12): 1539 - 1556.

[17] Lansey, K. E., Mays, L. W. Optimization Model for Water Distribution System Design [J]. Hydraulic Engineering, 1989, 115 (10): 1401 - 1418.

[18] Goulter I, Bouchart F. Reliability-constrained pipe network model [J]. Journal of Hydraulic Engineering, 1990, 116 (2): 211 - 229.

[19] Fujiwara O, Desilva A. U. Algorithm for Reliability—Based Optimal Design of Water Networks [J]. Environmental Engineering, 1990, 116 (3): 575 - 587.

[20] Ning Duan, Mays, L. W, Lansey K. E. Optimal reliability-based design of pumping and distribution systems [J]. Hydraulic Engineering, 1990, 116 (2): 249 ~ 268.

[21] Li Jie, Wei Shulin, Liu Wei. Seismic reliability analysis of urban water distribution network [J]. Earthquake Engineering and Engineering Vibration, 2006, 5 (1): 71 - 77.

[22] Tabesh M, Tanyimboh T. T, Burrows R. Pressure dependent stochastic reliability analysis of water distribution networks [J]. Water Science and Technology: Water Supply, 2004, 4 (3): 81 - 90.

[23] Farmani Raziyeh, Walters Godfrey A, Savic Dragan A. Trade-off between total cost and reliability for any town water distribution network [J]. Water Resources Planning and Management, 2005, 131 (3): 161 - 171.

[24] Agrawal Magan Lal, Gupta Rajesh, Bhave P R. Reliability-based strengthening and expansion of water distribution networks [J]. Water Resources Planning and Management, 2007, 133 (6): 531 - 541.

[25] Suribabu C. R, Neelakantan T. R. Reliability based optimal design of water

distribution networks by genetic algorithm [J]. Intelligent Systems, 2008, 17 (1-3): 143-156.

[26] Carrión Andrés, Solano Hernando, Gamiz María Luz, et al. Evaluation of the Reliability of a Water Supply Network from Right-Censored and Left-Truncated Break Data [J]. Water Resources Management, 2010, 24 (12): 2917-2935.

[27] Dash R. K, Barpanda N. K., Tripathy P. K, et al. Network reliability optimization problem of interconnection network under node-edge failure model [J]. 2012, 12 (8): 2322-2328.

[28] 汪光焘. 城市供水行业2000年技术进步发展规划 [M]. 北京: 中国建筑工业出版社, 1993.

[29] 徐祖信, R Guercio. 水分配系统以可靠性为基础的线性优化模式 [J]. 同济大学学报, 1996, 24 (5): 580-585.

[30] 魏玉焕, 王光远。关于给水系统基于可靠度的最优决策 [J]. 哈尔滨建筑工程学院学报, 1995, 28 (1): 8-14.

[31] 张土乔, 康会宾, 毛根海. 城市给水管网可靠性分析初探 [J]. 浙江大学学报, 1998, 32 (3): 243-250.

[32] 赵新华, 刘英梅, 乔宇. 城市给水管网可靠度的计算 [J]. 中国给水排水, 2002, 18 (4): 53-55.

[33] 伍悦滨, 袁一星, 高金良. 给水管网系统性能的评价方法 [J]. 中国给水排水, 2003, 19 (4): 23-25.

[34] 伍悦滨, 土芳, 田海. 基于信息熵的给水管网可靠性分析 [J]. 哈尔滨工业大学学报. 2007, 39 (2): 251-254.

[35] 王力. 考虑水力条件变化的城市给水管网可靠性分析与研究（硕士学位论文）[D]. 重庆: 重庆大学, 2004.

[36] 王圃, 龙腾锐, 王力, 等. 城市给水管网可靠性分析与应用 [J]. 给水排水. 2006, 31 (6): 107-110.

[37] 李鹏峰. 基于可靠性的给水管网系统水力分析与研究（硕士学位论文）[D]. 合肥: 合肥工业大学, 2007.

[38] 邓全龙. 矿井防尘供水管网水力仿真与可靠性预测预警研究（博士学位论文）[D]. 北京: 北京科技大学, 2018.

[39] 赵洪宾. 给水管网系统理论与分析 [M]. 北京: 中国建筑工业出版社, 2003.

[40] 庄宝玉. 城市输配水管网可靠性研究 [D]. 天津: 天津大学, 2012.

[41] 姜伟. 给水管网系统数值计算方法研究及应用 [D]. 沈阳：东北大学，2010.

[42] F. Martinez, R. Perez. Obtaining Macromodels from Water Distribution Detailed Models for Optimization and Control Purposes [J]. International Conference Integrated Computer Applications for Water Supply and Distribution. Leicester, 1993: 1 - 4.

[43] B. Ulanicki, A. Zehnpfun, F. Martinez. Simplification of Water Distribution Network Models, Hydroinformatics' 96 [J]. Balkema, Rotterdam, 1996: 493 - 500.

[44] 陈森发. 一种复杂城市供水管网的简化方法 [J]. 中国给水排水，1994，10 (6): 5 - 8.

[45] 阎砺铭，高胜. 油田注水管网系统模型简化技术 [J]. 油气田地面工程，2001，20 (5): 8 - 9.

[46] 常玉连，高胜，郭俊忠. 注水管网系统模型简化技术与计算方法研究 [J]. 石油学报，2001，23 (2): 95 - 100.

[47] 高金良，赵洪宾. 复杂供水管网简化计算的研究 [J]. 给水排水，2002，58 (8): 28 - 30.

[48] 李利，谢春江. 给水管网的简化与建模 [J]. 西南给排水，2002，24 (6): 43 - 47.

[49] 舒诗湖，赵明，何文杰，等. 供水管网水力、水质模型校核标准探讨 [J]. 中国给水排水，2008，24 (18): 104 - 106.

[50] 黄廷林，王旭冕，邸尚志，等. 供水管网试验模型的构建方法 [J]. 给水排水，2006，32 (1): 29 - 31.

[51] Manca, Antonio, Sechi, Giovanni M., Zuddas, Paola, et al. Water Supply Network Optimisation Using Equal Flow Algorithms [J]. Water Resources Management, 2010, 24 (13): 3665 - 3678.

[52] Z. F. Li, S. He, W. X. Yang. Physical simulation experiment of water driving by micro-model and fractal features of residual oil distribution [J], Zhongguo Shiyou Daxue Xuebao. 2006, 30 (2): 67 - 71.

[53] 王扬. 苏州市水环境治理水力学物理模型试验研究 [J]. 人民长江，2001，32 (4): 16 - 18.

[54] 虞邦义. 河工模型相似理论和自动测控技术的研究及其应用（博士学位论文）[D]. 南京：河海大学，2003.

[55] 谢冠峰，杨志刚. 基于水力模型试验有关工程设计问题的探讨 [J]. 南

昌大学学报，2004，26（2）：77－79.
[56] 王振红，张洪清，姜新佩，等．感潮河段水力模型试验［J］．水科学与工程技术，2005，31（3）：31－33.
[57] 黄细宾，宋永杰．有压引水系统非恒定流模型相似比尺的分析与选择［J］．河海大学学报，1998，26（1）：103－105.
[58] 胡明，菜付林，周建旭．不同在质材料非恒定 流整体变态模型律及设计实例［J］．水利水电技术，2005，36（6）：43－45.
[59] 郑国栋，郑邦民，黄本胜，等．变态模型水流相似的精度及误差分析［J］．2005，20（1）：33－37.
[60] 付静，李兆敏．滨南油田注水管网系统水力损失实验研究［J］．管道技术与设备，2006（5）：10－11.
[61] 唐军，林愉，罗正容．水力管网综合摩阻损失的计算［J］．化工设备与管道，2006，43（6）：51－53.
[62] 王旭冕，黄廷林，刘勇，等．管流变态模拟的相似理论研究［J］．西安建筑科技大学学报，2006，38（2）：194－296.
[63] 岳琳．城市供水管网运行状态研究（博士学位论文）［D］．天津：天津大学，2008.
[64] 莫琎泾．供水管网实验模拟及管网参数估计方法初探［D］．重庆：西南交通大学，2014.
[65] 张新波，贾辉，王捷，等．基于城市供水管网变态物理模型的管网试验研究［J］．天津：天津工业大学学报，2013，32（03）：61－65.
[66] 王晨婉．城市供水管网物理模型构建方法的研究［D］．天津：天津大学，2007.
[67] 蒋仲安，王佩，施蕾蕾，等．基于QMC的矿井防尘供水管网水力可靠性分析［J］．煤炭学报，2013，38（S2）：399－404.
[68] 蒋仲安，王佩，施蕾蕾等．基于低偏差序列的矿井供水管网可靠性［J］．中南大学学报（自然科学版），2014，45（05）：1686－1691.
[69] 王佩，王靖瑶，杨斌．基于 AHP-Fuzzy 的矿井供水管网可靠性评价［J］．矿业安全与环保，2017，44（03）：69－72.
[70] 王佩，王靖瑶，杨斌．基于 AHP 法的矿井供水管网可靠性评价指标体系建立［J］．煤矿安全，2017，48（01）：224－227.
[71] 蒋仲安，付恩琦．FAHP 法在矿井防尘供水管网综合性能评价中的应用［J］．煤炭技术，2017，36（12）：114－116.
[72] 庄宝玉．城市输配水管网可靠性研究［D］．天津：天津大学，2012.

[73] 姜伟．给水管网系统数值计算方法研究及应用［D］．沈阳：东北大学，2010.
[74] 信昆仑，刘遂庆．城市给水管网水力模型准确度的影响因素［J］．中国给水排水，2003，19（04）：52－55.
[75] 王晨婉．城市供水管网物理模型构建方法的研究［D］．天津：天津大学，2007.
[76] 刘震，潘斌．海底油气集输管网可靠性评估［J］．海洋工程，2003，21（4）：104－109.
[77] 邢丽贞．给水排水管道设计与施工［M］．北京：化学工业出版社，2004.
[78] 王光远．未确知信息及其数学处理［J］．哈尔滨建筑工程学院学报，1990，23（04）：1－9.
[79] 刘开第，吴和琴，王念鹏．未确知数学［M］．武汉：华中理工大学出版社，1997.
[80] 曹庆奎，刘开展，张博文．用熵计算客观型指标权重的方法［J］．河北建筑科技学院学报，2000，17（03）：40－42.
[81] 李树刚，王国旗，马超．基于未确知测度理论的矿井通风安全评价［J］．北京科技大学学报，2006，28（2）：101－103.
[82] 侯晓东，蒋仲安．矿井防尘管网多目标优化研究［J］．金属矿山，2008（11）：144－147.
[83] 黄良沛，刘义伦，李迅．基于 BP 神经网络的城市供水系统管网预测［J］．湖南科技学报（自然科学版），2005，20（3）：45－48.
[84] Metropolis N, Rosenbluth A, Rosenbluth M, et al. Equation of state calculation by fast computing machines［J］. Journal of Chemical Physics, 1953, 21（6）：1087－1092.
[85] Kirkpatrick S, Gelatt C D, Vecchi M P. Optimization by simulated annealing［J］. Science, 1983, 13（220）：671－680.
[86] 王志丹，赵新华．城市给水管网水质模型的研究［J］．天津工业大学学报，2004，23（9）：46－49.
[87] 王辉，钱锋．群体智能优化算法［J］．化工自动化及仪表，2007，34（5）：7－13.
[88] Eusuff M. M, Lansey K. E. Optimization of water distribution network design using the shuffled frog leaping algorithm［J］. Journal of Water Resources Planning and Management, 2003, 129（3）：210－225.

[89] Eusuff M. M, Lansey K E, Pasha F. Shuffled Frog-Leaping Algorithm: A Memetic Meta-Heuristic for discrete optimization [J]. Engineering Optimization, 2006, 38 (2): 129 - 154.
[90] 王小平，曹立明．遗传算法——理论、应用与软件实现［M］．西安：西安交通大学出版社．2002.
[91] 阳明盛，罗长童．最优化原理、方法及求解软件［M］．北京：科学出版社，2006.
[92] 蒋仲安，王佩，施蕾蕾，谭聪．基于低偏差序列的矿井供水管网可靠性［J］．中南大学学报（自然科学版），2014，45（5）：36 - 39.
[93] 刘海涛．快速神经网络分类学习算法的研究及其应用［J］．计算机研究与发展，2000（11）.
[94] 张文霄．基于 PSO 优化的 BP 神经网络股票预测模型［D］．哈尔滨：哈尔滨工业大学，2010.
[95] 邓权龙，蒋仲安，韩硕，付恩琦．基于 Sobol 序列的防尘供水管网系统可靠性分析［J］．天津大学学报（自然科学与工程技术版），2018，51（09）：919 - 926.
[96] 邓权龙，蒋仲安，韩硕．基于小波分析与 GM(1，1)-ARMA(p，q）组合的矿井防尘用水量预测［J］．矿业安全与环保，2018，45（04）：75 - 79.
[97] 邓权龙，蒋仲安，王佩．矿井防尘供水管网可靠性未确知测度评价模型［J］．中国安全科学学报，2017，27（03）：135 - 140.
[98] 彭亚，蒋仲安，王佩．基于水龄熵的矿井防尘供水管网可靠性研究［J］．中南大学学报（自然科学版），2020，51（08）：2221 - 2231.

彩　插

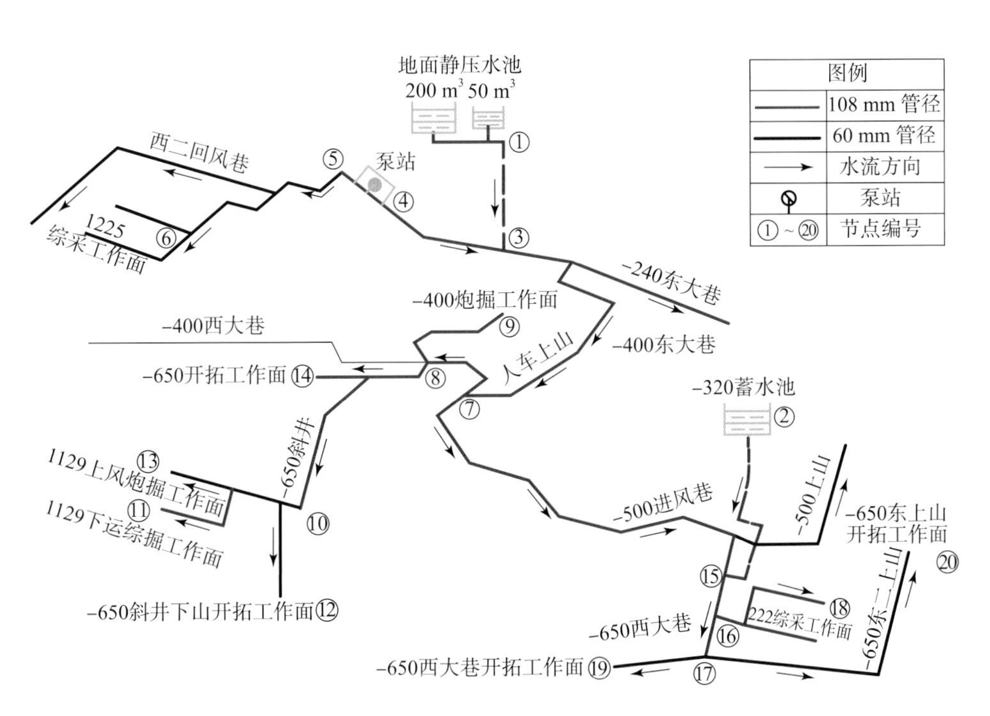

图 2－4　A 仓矿供水管网系统简化图

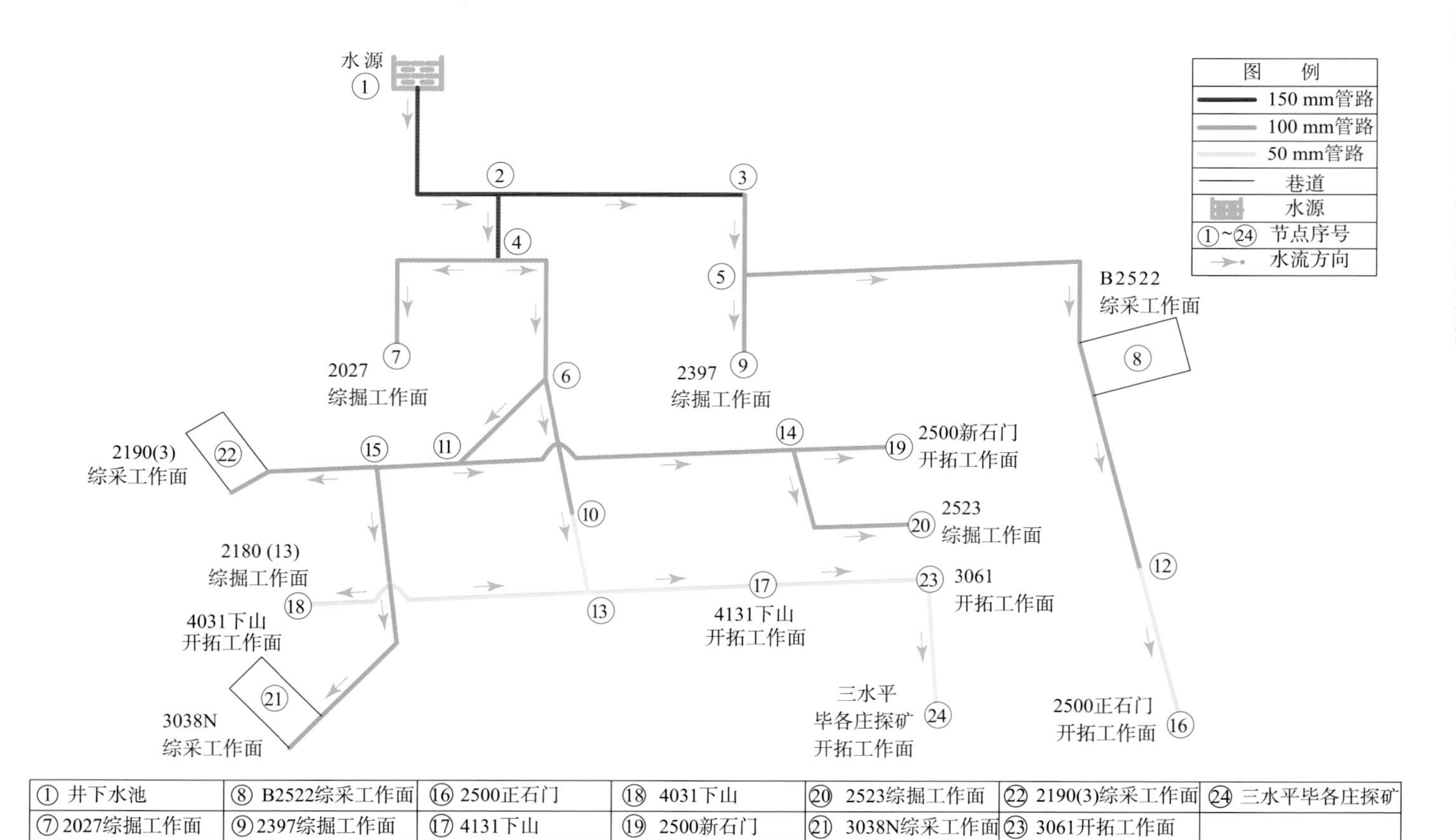

① 井下水池	⑧ B2522综采工作面	⑯ 2500正石门	⑱ 4031下山	⑳ 2523综掘工作面	㉒ 2190(3)综采工作面	㉔ 三水平毕各庄探矿
⑦ 2027综掘工作面	⑨ 2397综掘工作面	⑰ 4131下山	⑲ 2500新石门	㉑ 3038N综采工作面	㉓ 3061开拓工作面	

图 4-4　B矿防尘管网原始简化图

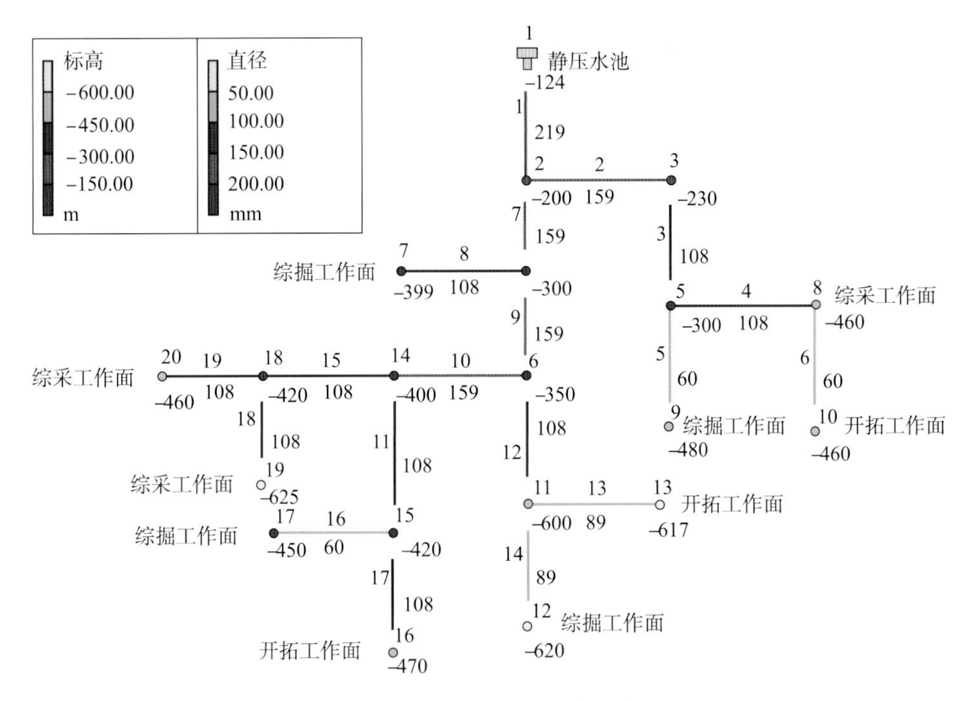

图 4-5 EPANETH 建立管网模型

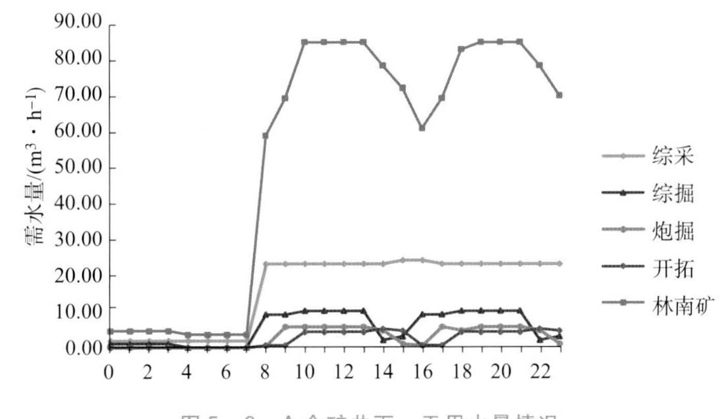

图 5-6 A 仓矿井下一天用水量情况

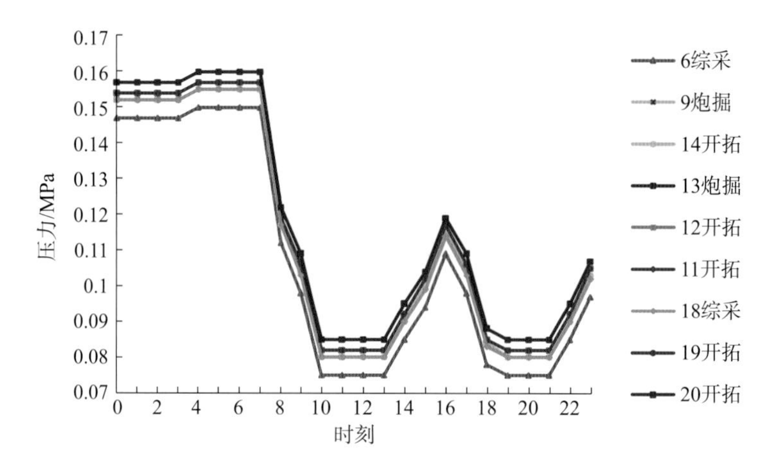

图 5－7　模型管网用水点 24 h 压力变化曲线

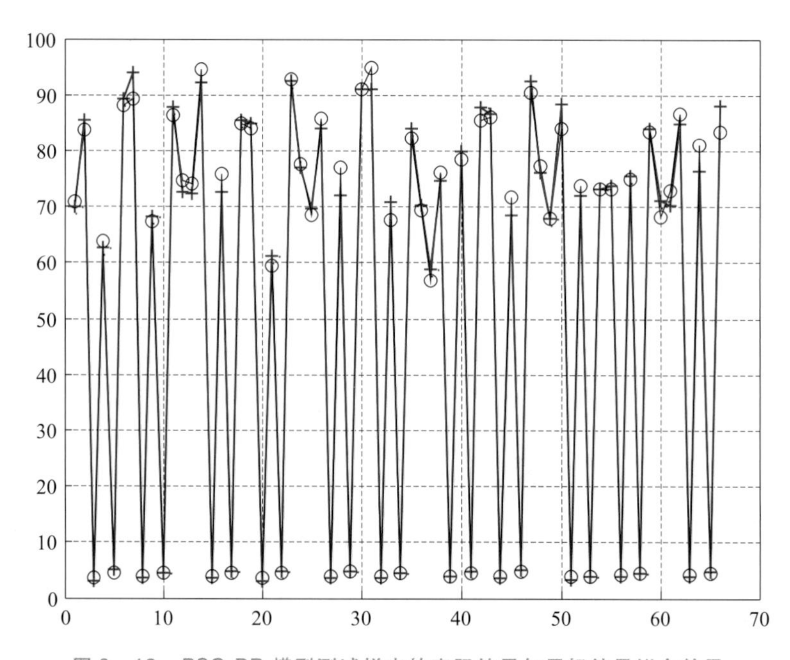

图 6－18　PSO-BP 模型测试样本的实际结果与目标结果拟合效果